U0310422

理财新方法

网络时代的
300条省钱绝招

孙雅 / 编著

SPM 南方出版传媒
广东经济出版社
—广州—

图书在版编目（CIP）数据

理财新方法：网络时代的300条省钱绝招／孙雅编著. —广州：广东经济出版社，2019.3

ISBN 978－7－5454－6294－4

Ⅰ. ①理… Ⅱ. ①孙… Ⅲ. ①财务管理－通俗读物 Ⅳ. ①TS976.15－49

中国版本图书馆CIP数据核字（2018）第097245号

出 版 人：李　鹏
责任编辑：张晶晶
责任技编：许伟斌
封面设计：何汝清

《理财新方法：网络时代的300条省钱绝招》
Licai Xinfangfa：Wangluo Shidai De 300 Tiao Shengqian Juezhao

孙雅　编著

出版发行	广东经济出版社（广州市环市东路水荫路11号11~12楼）
经销	全国新华书店
印刷	东莞市翔盈印务有限公司（东莞市东城区莞龙路柏洲边路段）
开本	889毫米×1194毫米　1/32
印张	6.25
字数	70 000字
版次	2019年3月第1版
印次	2019年3月第1次
书号	ISBN 978－7－5454－6294－4
定价	25.00元

如发现印装质量问题，影响阅读，请与承印厂联系调换。
发行部地址：广州市环市东路水荫路11号11楼
电话：（020）38306055　37601950　邮政编码：510075
邮购地址：广州市环市东路水荫路11号11楼
电话：（020）37601980　营销网址：http：//www.gebook.com
广东经济出版社新浪官方微博：http：//e.weibo.com/gebook
广东经济出版社常年法律顾问：何剑桥律师
·版权所有　翻印必究·

你是不是也遇到过这种尴尬呢——钱不知道花哪儿去了，钱花得没有意义，这种感觉真沮丧，于是就琢磨着怎么省钱。每个人对"省钱"这个词都有不同的理解，最简单粗暴的理解就是：不花钱就是省钱了嘛！

是的，没错，全书终。

喂！醒醒！人活在世上怎么可能不花钱？所以我们现在分析一下我们为什么要省钱。还不是因为穷嘛！自认为不穷的还要省钱吗？当然要啊！省了等于赚到了，赚钱谁不喜欢呢？很多人可能很反感"省钱"这个词，觉得很"low"，提起这个词显得自己很抠门似的，其实"省钱"不仅一点儿也不"low"，而且是一种非常正能量的生活方式。懂得省钱的人，往往都是用心生活的人，头脑灵光，善于观察生活中的各种细节，日积月累下来的生活经验，让他们能用最低的支出实现性价比最高的目标，得到的满足感和幸福感更强。人们都说"爱笑的女孩子，运气都不会太差"，"懂省钱"就算不能为你带来好运，至少也能让你很开心很满足啊！再说了，能够省下一笔钱，就像捡到宝，你能说这不是真正意义上的"走运"吗？

接下来，我们再来分析分析，我们为什么要网购。大家有没有发现，网购的时候很难管住自己的手，心中满是疑问："为什么总是有这么多东西要买？！"网购就像"炫迈"，根本停不下来。其实我们大可不必压抑自己的购物天性，网购的"上瘾"是有它的原因的，我们先看看一组数据：

随着互联网和物流行业的发展，网络购物高速增长，人们网购的消费习惯也已逐步形成。根据商务部的数据，2017年，全国网上零售额同比增长32.2%，增速较2016年提高了6%。其中，实物商品的网上零售额达到5.48万亿元，增长28%，占社会消费品零售总额的15%，比2016年提升2.4%；对社会消费品零售总额增长的贡献率为37.9%，比2016年提升7.6%。2018年天猫"双11"总交易额破2135亿元，同比增长26.9%。

什么意思呢？这就是说，网购越来越大众化和普遍化，已成了人们生活中不可或缺的一种消费方式。网购最基本的优势就是价格相对便宜以及方便快捷，省却了逛街的时间和精力，人们以较低的价格便可购买到质量可靠的商品。当然，这只是网购最原始的优势而已，现在的网购已经不是当初的那个"它"了，它对人们生活的影响比想象中还要深远，这其中，与智能手机日新月异的发展也有着非常密切的关系。

智能手机技术的提升及移动互联网的普及，使传统的PC端日益显现出便利性不足（毕竟要在一台电脑上操作）的缺点，有限的优质商品推荐及限时特卖模式更依赖于大数据支持下的精准营销及信息推荐，因此，网购更适合在移动端发展，移动端使移动购物的便利性得到充分体现，消费者接受度迅速提升。根据艾瑞咨询的数据显示，2017年是线上线下融合的实践年，线上对线下的数据赋能以及线下对线上的导流作用初见成效，稳定发展的网络购物迎来新的发展活力。2017年，中国移动购物在整体网络购物交易规模中占比达81.3%，较2016年增长4.6%。2017年中国移动购物市场交易规模达4.9万亿元，同比增长37.4%，增速逐渐放缓，但仍保持了较高的增长水平。

值得注意的是，移动端渗透率进一步提升，移动网购已成为最主流的网购方式。智能手机和无线网络的普及、移动端碎片化的特点及更加符合消费场景化的特性，使用户不断向移动端转移。移动端成为消费者网购的普遍途径，用户消费习惯转移、各企业持续发力移动端是移动端不断渗透的主要原因。

网购已经是一股无法阻挡的潮流，如果你以为网购只是年轻人的专利，那你就大错特错了！近年来，国民经济快速发展，人们生活水平提高，人们越来越注重商品品质，各方面消费力量兴起，"90后"、女性和老年群

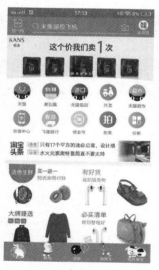

淘宝

京东

小红书

贝贝

闲鱼

拼多多

美团外卖　　　　　　　　　饿了么

体成为消费新动力。

　　针对以上几个消费新动力，电商也随之发生了变化，目前国内网络电商可主要分为综合电商、母婴电商、生鲜电商、跨境电商、二手电商、折扣优惠电商、商家服务电商七大类，涵盖淘宝、京东、贝贝、多点、小红书、闲鱼、拼多多、微店等多款移动端App。

　　回到我们最开始的话题——省钱，网购可以省钱吗？答案是，可以的！正如那句话，"生活中不是缺少美，而是缺少发现美的眼睛"。其实网购中不是缺少省钱方法，而是缺少发现它们的眼睛。换个角度说，其实网购中并不缺少各类优惠方式，而是缺少发现它们的途径。比方说，优惠券、红包、金币、赠品和积分，这些都隐藏在电商平台中的每个角落，只要平时多留意商品的价格，不要急于购买，定期关注优惠活动的相关信息，了解它们的使用规则，提前做好功课，到了关键时刻尽可能运用手上收集好的"券"，自然能够"胜券在握"啦！

省钱，就是这本书的意义所在，网购就好比是一个知识的海洋，你每天都能发现"新大陆"！你会发现电商的促销活动实在是太多了，每天变着花样地轮番上演，你只有一双手、一双眼睛（加上眼镜也就两双吧），生活已经那么累了，哪里忙得过来？信息量这么大，谁可以帮你整理出一份"地表最强"的网购省钱攻略呢？

也有很多人发出了灵魂的拷问：我们当初学习网购是为了省钱，为何我们在网购的过程中却花了越来越多的钱呢？其实，不要把目光仅放在你的支付宝账单上，你会发现，日常传统模式的花费几乎已经没有了，拿着手机，不带一分钱现金，你都觉得可以过好你的一生了。更重要的是，原来你花100块钱在实体店能买到的东西，网购可以不用100块钱，或者网购用100块钱能够买到价值更高的东西。这就是网购能够带给你的省钱方式了！本书旨在使你从一个网购菜鸟一步步晋升为网购省钱大神，打游戏的都懂吧？就像练级一样。为什么要着重强调"省钱"两个字呢？因为网购的便捷性是它诞生的一个条件，但省钱不是，商家都是要赚钱的，赔钱的生意没有人会做，网购和省钱矛盾吗？并不。商家们为了促销，总是会提供各种渠道发放优惠，搞各种营销活动，吸引用户，留住老用户，这个时候就是你施展才华的机会了！这么多年在网购中交过的学费，不是白交的！

　　这本书的目的也正是帮助广大喜欢网购的人，不做大领导心中最惦记的那些"困难群众"，不忘初（省）心（钱），继续在"剁手"的路上勇往直前。我就是要网购！我就是要省钱！又如何？！机智如我，有的是省钱绝招呢！

　　感谢你读以上的"絮絮叨叨"，接下来，拿起你的手机，我们一起"剁手"吧！

目 录

c o n t e n t s

PART 1
网络改变生活，省钱不只是套路

做一枚足不出户的吃货是一种怎样的体验

　　随着互联网和智能手机的飞速发展，懒人经济让外卖发展成现代人消费的大势，饿了么、美团、百度外卖、淘宝外卖……大大小小的外卖Ｏ２Ｏ拼杀正酣，也推动了外卖产业从工作餐到全时段的发展。快速增加的外卖，正从一些细微之处改变着人们的生活。

　　吃一顿午饭，甚至跟汽车加一箱汽油没有多大区别——都是为了补充能量，迎战紧张繁忙的工作。这种情况下，把外卖送到工作地点，显然比放下工作去食堂、去饭馆排队就餐更省时、更高效。对于快节奏工作和生活的城市工薪阶层来说，自从出现了外卖平台，下了班或到了周末，没有太多的精力去买菜做饭，也可以一回到家就吃上热腾腾的饭菜。

同时外卖改变了在校学生族的饮食习惯，以前每到中午或傍晚，学生们在校园食堂吃饭，排队等候那是不可避免的，去晚了很多菜品已经没有了。如今，越来越多的学生都是在宿舍用手机点外卖，然后坐等饭菜送来。

随之而来，生活更易于管理了：因为外卖软件大部分通过绑定银行卡结账，可以把刷卡记录直接导入记账软件；因为每次点单的内容都有记录，方便关注体重和营养摄取的人掌握自己的饮食情况。

作为一枚资深的吃货，想安坐家中尝遍天下美食又不用花费很多钱，你认为天底下有这么好的事情吗？答案是，有的。

1.新上线外卖平台加大促销力度吸引新客户

新上线外卖平台在上线初期会有较大力度的优惠活动，比方说"到家美食会"刚上线的时候，挨家挨户派发50元现金券，虽然每个账号只能享受一次优惠，但是优惠力度还是很不错的！

2.新入驻店铺有更多优惠

新店为了引流拉新，一般会砸钱做活动，用各种优惠活动来增加曝光度，获取流量和用户等。"首单立减10元""满30减15"都是比较常见的优惠方式，吃货们可以每家新店都试吃一遍，挑出自己的真爱"饭堂"。

3.新用户专享注册立减优惠

为吸引新用户注册，外卖平台最常使用的套路就是"新用户下单立减"给予优惠。新用户红包，仅在第一次注册登录后可以领取，给的都是通用红包，使用门槛比较低，但是限第二天使用哦！

4.支付成功分享红包，抢代金券

经常点外卖的人都知道，现在外卖平台下单支付成功后，分享到朋友圈和群里，可以发"红包"，抢代金券，通常会显示"第几个领取好友大红包"。

　　实际上，点外卖并不是一种省钱的生活方式，但是在你迫（懒）不（无）得（救）已（药）只能点外卖的时候，运用你的小聪明能比到店吃更实惠，这对于贪小便宜的吃货来说，是非常有成就感的事情哦！

选择正确的购买时机，几乎所有的节日都是一场优惠盛宴

　　人类生活从来都离不开"仪式"，可以说这是我们的传统和文化的寄托。洛蕾利斯·辛格霍夫（Lorelies Singerhoff）有一本书就叫《我们为什么需要仪式》（*Why We Need Rituals*），其中讲到："当'仪式'遇上'产品'的时候，如果我们能够将产品仪式化，或者说使产品融入仪式的过程，那么仪式的黏性需求会附着在产品上，使得人们像渴望仪式一样渴望产品；像人们不断做仪式一样，不断地消费产品。"端午节的粽子和中秋节的月饼就是最好的例子。于是，每年的天猫"双11"就创造了"节庆化仪式感消费"的神话。

网购也要看好时机，为什么这么说？事实证明，每逢节假日尤其是"光棍节"、七夕、圣诞节等中国人不放假、节日气氛也依旧浓厚的"节"，就是电商们"火拼"的时刻，同时也是一场网友的购物狂欢盛宴。往往在这些日子里，各大网站都有不同程度的促销，平时忍着没买或者不急用但有更新换代计划的东西，这时候正是出手的时机。

能够提前在日历上圈出各大节日，懂得从财经新闻中嗅到打折气味的网购者才是称职的网购者。商家活动的套路是怎样的呢？先降价的那个只是诱惑，跟上的那个才是正主，越往后价格越优惠，参与者越多，网购者得到的实惠就越多。行业洗牌，谁会挺到最后那是大佬该想的问题，网购者只希望价格战来得更猛烈些！

虽然好不容易逮到"下手"的最佳时期，还是要保持适度的理智，不够精明的购买怎么配得起充满仪式感的购物节呢？

1. 线上之王：国美"双11"购物节、苏宁O2O购物节、天猫狂欢节

"双11"（即"11·11"）概念是由天猫（当时还叫"淘宝商城"）在2009年提出的，当一些商家展开了一场试水性质的促销活动时，5000万元的营业额远超预期。这让天猫尝到了甜头，于是他们在第二年开始认真经营这一节日，并创下了单日营业额9.36亿元的佳绩。跟着天猫沾光的，不仅仅是其亲兄弟淘宝，诸多平台、品牌也陆续将11月11日敲定为全年最大的促销日。一时间，这一天成了我们"烧钱""败家"的疯狂日。

2. 双线齐发：淘宝"双12"狂欢节、聚美优品"双12"购物狂欢节、苏宁618、京东618品质狂欢节

"双11"之类的线上活动，让越来越多的人热衷于在网络端买买买，而实体店和线下零售品牌严重遇冷。面对这种问题，许多有实体店资源的大型

平台开始另寻门路，纷纷选择了6月18日大酬宾，力求和"双11"抗衡，进而逆转网购主流的大风向。

譬如国美、苏宁这类在线上线下都有成熟销售网络的平台，都在6月18日举行过大型店庆，让利幅度更胜"五一"、"十一"黄金周。而另一边，"双12"（即"12·12"）也成了许多品牌热衷的一个时间点。有趣的是，选择了"双12"噱头的品牌商大都也是在玩双线模式，"双12"彰显O2O特点。

3.舶来文化：亚马逊"黑五"、洋码头"黑五"、淘宝全球购"黑五"

虽然"黑色星期五"在美国本土是一个主打线下交易的购物节，但在跨境平台和海淘平台上，"黑五"在中国的影响力更胜于国内的节日。因为"黑色星期五"这个日子在世界范围内的认可度都比较高，在洋码头、亚马逊等跨境电商品牌的带领下，每次都掀起了一股让利狂潮。一些专门做一站

亚马逊

式海外购物的平台也入乡随俗，纷纷加入"黑五"大家庭。不同于国内平台的缠斗做法，跨境电商似乎颇有默契，在时间分配上尽可能做到了不重叠；在日期选择和时间跨度上，都最大程度保持了差异化。

4.自创之姿：唯品会撒娇节、小米米粉节、1号店店庆购物节

天猫在"双11"创下的神话，让不少购物平台和品牌纷纷选择了自立门户，创办独属于自己的购物节。小众节日的时间选择也是五花八门的，有些选择了品牌诞辰，例如小米米粉节（4月6日）；有些挑选了有寓意的节日，譬如唯品会撒娇节（8月14日）实际上就是"绿色情人节"；还有一些或许是为了避开大品牌的锋芒，在相对淡季的时候进行促销。

小众往往意味着个性化，节日主题还是非常耀眼的存在。例如专为姑娘们准备的女生节（3月7日），对不少人来说，是值得花364天去期待的重要日子。

巧用"支付方式"这个省钱利器

支付方式是指购物或消费，需要付款时，可选择的多种支付途径。为了让客户有更好的支付体验，让客户的钱快到碗里来，支付方式也日渐丰富多样起来，下面介绍一下主要的几种方式：货到付款、在线支付和虚拟信用卡支付。

1. 货到付款

快递送货上门时使用现金支付，无须收取额外手续费。根据收货人地址选择正确的省、市、区（县）后，系统会提示可供选择的送货方式及相关配送信息。由快递公司代收买家货款，货先送到客户手上，客户验货之后再把钱给送货员，也就是我们常说的"一手交钱一手交货",之后货款再转到卖家账户里去。

　　货到付款为什么能省钱?这是因为货到付款可以开箱验货,买家先查看货物描述与购买的货物有无差别,检验货物真实性、质量情况,还有运送损伤等情况之后,根据情况再签单,如果与事实不符,可以拒签并表明理由。这样就可以避免买到不合适的商品,省得退货还要损失一笔运费。

2.在线支付

　　在线支付包括网银支付和第三方支付这两种方式。网银支付就是直接通过登录网上银行进行支付。第三方支付本身集成了多种支付步骤,一是将网银中的钱充值到第三方,二是在用户支付的时候通过第三方存款进行支付,三是花费手续费进行提现。我们平时最常见的支付宝、微信支付、财付通、快钱等都属于第三方支付工具,只要通过这些第三方支付工具绑定银行卡后就可以进行在线支付

支付宝

了。目前第三方支付工具越来越多，虽然支付宝和微信支付已经占据绝大部分的市场了，但是为了圈占线下市场，优惠活动还是层出不穷的，比方说奖励金、鼓励金、红包，每天省个一块几毛，积累起来也是一笔不错的收益哦！

3.虚拟信用卡支付

在移动时代的今天，对于年轻人而言，通过手机就基本能够解决一切生活费用支付问题。尽管互联网消费金融来势汹汹，但银行信用卡依然在其中占据着一席之地，多家银行也看好无卡支付，在信用卡业务依旧保持较高增长的同时，银行以及各大电商平台纷纷推出虚拟信用卡业务。

对于持卡人而言，信用卡无卡交易，就是指不需要在POS机上进行刷卡的物理动作，就能够实现信用卡消费的行为，具有便捷、安全、高效等多项优势。虚拟信用卡其实是基于银行卡上的BIN码所派生出来的虚拟账号，它没有实体卡片载体，但是可以用于支付结算。

消费者该如何选择虚拟信用卡？以下为大家介绍几款人气较高的虚拟信用卡。

（1）信用币：农行在2017年4月开始发行的具有透支功能的信用卡虚拟账户产品，主要面向农行实体信用卡持有人和预授信客户。

敲黑板

ａ.Ａｐｐ渠道授信额度最高1万元，网点授信额度最高3万元。

ｂ.线上线下消费，还可以透支转账，也就是绑定本人借记卡账户进行额度内的资金互转，信用币和信用卡共享额度。

ｃ.可以进行3期、6期、9期、12期等现金分期。

（２）龙卡e付卡：建行在2016年4月推出的虚拟信用卡，拥有独立账户，不依赖实体信用卡。

 敲黑板

ａ.在有效期内免年费，也就是免费8年。

ｂ.可与其他建行信用卡共享额度。

ｃ.可用于线上交易及线下ＰＯＳ消费，还可以ＡＴＭ取现。

（3）网付卡：中信银行在2015年4月推出的虚拟信用卡，必须有实体信用卡才能开通网付卡。

✏️ **敲黑板**

a.免年费。

b.可以绑定快捷支付。

c.可用于线上线下支付，还可以取现。

（4）E-GO卡：浦发在2014年推出的虚拟信用卡，依附于实体信用卡。

✏️ **敲黑板**

a.免年费。

b.一张实体卡最多申请四张E-GO卡。

c.如果E-GO卡被盗刷，相关实体卡不会受到影响。

摆脱公交的束缚，网约车改变了我们的出行方式

"从前的日色变得慢，车、马、邮件都慢，一生只够爱一个人。"现在交通便利，移动网络发达，世界日新月异。随着城市人口数量的激增，人们的日常出行也成为一大民生问题。在几年前，"打车难"困扰着很多人，尤其遇到恶劣天气、半夜出门，那种感受真是令人欲哭无泪……现在如果谈起出行方式，除了那因文明而面世却又渐渐陷入窘境的共享单车，最值得关注的当属网约车了。

为了尽快打开市场，网约车一开始采取低价优惠模式，实实在在地为用户省钱，获得了广大用户的好评，实惠便捷的定位也深得人心。然而互联网

的规律是"平台免费，增值收费"，这种不可持续的模式也不是长久之计。

网约车新政出台后，滴滴出行开始减少优惠力度以及削弱司机们的收入福利，司机抱怨，乘客抗议，但是时间见证，如今的网约车市场凭借新政的监督和执行，已然走向正规化。

存活在这个人人倡导服务至上的经济背景下，无论滴滴还是易到，无论网约车还是共享单车，无

曹操专车

优步专车

滴滴出行

论出行还是餐饮，提升用户体验已经成为市场主流，任何不以用户为核心的服务都会被市场无情淘汰。而作为用户，服务和费用当然是首要考虑的问题了。

目前市面上常见的网约车平台有滴滴出行、优步（已被滴滴收购，但仍保留优步品牌）、神州专车、易到、首汽约车、曹操专车、美团打车等。

1.网约车与传统出租车的区别

首先，网约车是不能巡游接客的，只能通过平台接单，到达乘客的上车点接乘客再送达目的地。出租车是以巡游接客为主的，但是出租车也能通过网约平台接单。从这点看出租车的经营方式主要是"巡游+网约"，网约车只能通过平台接单，这是他们运营业务的区别。

2.网约车的优势

网约车的流行，与它的价格比传统出租车低了许多、司机的服务比传统出租车更到位有关。与出租车相比，网约车的竞争优势在于等待时间短、服务体验好。同时网约车填补了出租车和公共交通未能覆盖的短途出行需求空白。

总的来说，网约车有以下几点优势。

（1）车辆规格均为中高端轿车，只提供预约出租车服务，日常中不能用于巡游。

（2）服务高于普通出租车，可以代人约车、接送机，提供日租、半日租服务。车内提供Wi-Fi、充电器、纸巾、雨伞。

（3）优惠幅度大，乘客在网约车平台注册后会收到优惠券，也有充值满返活动。支付方式为手机支付，预存消费方式有更多优惠。

3.网约车的缺点

允许私家车进入市场，车辆信息不真实、司机素质和能力得不到保证等问题逐步凸显，导致出现个别司机侵犯乘客人身安全的极端案例。私家车司机及车辆数量庞大，即使是基础的车辆信息、身份信息审核，也已成为烦琐的工作，且很难起到保证乘客安全的作用。大多数公司将重心放在了运营风险上，而有意无意地忽视了乘客的安全风险。

4.网约车的省钱秘籍

（1）注册优惠。

相信用过网约车软件的用户都知道，注册的时候都有车费送，有些是以券的形式送，有些是直接打进账户余额，有些需要先绑定信用卡，反正首次注册最少都有50元的券（还没算上那些15元、20元的小额优惠券，以及机场接送券）。每个软件都注册一遍，有四五百优惠的金额让你用了。

但需要注意的是，不要一次性把所有的网约车软件都注册，不然在有效期内用不完就不好了，小额的不要紧，多得是，但50元的券浪费掉就可惜了。

（2）推荐新用户优惠。

优步、一号专车等有推荐用户奖励机制。每个已注册的用户都会有自己独一无二的邀请码，新注册用户只要提交老用户的邀请码即可获得车费，且新用户在首次用车后，这位老用户同样能得到车费奖励，推荐越多，送得越多。大家可以通过各种途径把自己的邀请码扩散出去，这么一来，几百块车费又到手了。

（3）收集折扣券。

网约车公司的各种低价车型、促销活动令人眼花缭乱。所谓"手中有券，心中不慌"，只要选择合适的网约车再用上靠谱的优惠券，完全可以"快、好、省"地到达目的地。所以，用心收集网约车公司发放的折扣券，可以让综合成本下降30%左右。

以神州专车为例，通过App、公众号、朋友圈多种渠道，能抢到不少代金券，多则50元，少则5元，基本上每单结束都送券，类似发个红包分享到微信群或者朋友圈，享受折上折。另外，每次过节的时候，神州专车都会送券，平常还有加班打卡券等，之前还推出过一些抢券活动。

（4）朋友帮助。

网约车平台经常会发放折扣券、特定的节日券等，几乎都有时间限制。如果我们自己用不了或者用不完，可以给家人、朋友代叫车，这样就不会眼睁睁地看着折扣券过期了。

PART 2

入门级 · 省钱达人

推广无现金社会，微信鼓励金与支付宝奖励金又杠上了

说到移动支付，大多数人首先想到的就是支付宝和微信支付。为了争夺"移动支付"的头把交椅，阿里和腾讯两家互联网巨头大招频频，各出"奇兵"，争夺市场。众所周知，支付宝与微信的商业竞争，你来我往一直都有，史上最大规模的无现金推广计划正是其中的经典例子。

平时拿个几毛，一周下来，也有几块钱了，仔细想想，四舍五入，好像赚了一个亿！

最近总有人问，支付宝奖励金和微信鼓励金，到底该用哪个？这个问题的答案特别简单：当然是哪个有活动用哪个啊！

1.敲黑板：一定要扫收钱码，坚决不能个人转账

首先当然要看支持的商家，虽然两家都标榜支持自家扫码付款的商家数量不少，但具体到细节还是有猫腻的。两家规定，必须是扫商家的二维码进行线下消费且单笔大于2元，才能获得奖励金。大部分线下商家都有两个收钱码，一个支付宝的，一个微信的。但一般微信的码对应的是个人账号，这种扫码付款算个人转账，不算商家消费，所以没办法获得鼓励金。而支付宝则针对小商小贩搞了个商家收钱码，通过支付宝扫这种收钱码付款，是可以获得奖励金的。所以从可以获取奖励金的商家数量来说，支付宝小胜微信。

2.夜猫子得用支付宝

然后说说鼓励金、奖励金本身的获取流程，支付宝和微信都是消费后即可领取，但微信鼓励金是限量的，每天早上6点、中午12点、下午6点分批发放鼓励金，每批发放500万份。如果某一个时段的鼓励金被领完了，那么不好意思，只能等到下一个时段，或者第二天再来领钱了。支付宝则是全天24

小时都发奖励金。所以说，微信鼓励金基本靠抢，支付宝奖励金相对人性化一些。记住如果是夜猫子，一定要用支付宝，不用非得赶时间。

3.额度

最高金额：微信鼓励金是888元，支付宝奖励金是999元，当然，前提是你能拿到。平时拿个五毛八毛，一周下来有好几块了，也非常不错了。

4.使用限制

支付宝奖励金只能在周五、周六使用。微信鼓励金基本上第一次支付后获得，第二次支付就可以使用，不会浪费。

"彩蛋"

用支付宝花呗或者余额宝付款，是可以让奖励金翻倍的，相当于多领一份奖励金。每天都翻倍的话，累计下来也挺可观。而且支付宝经常会在特定的节日有一些促销返利的小心思，比如5月20日那天就很容易减5.20元，六一儿童节就减0.61元、6.1元、61元，一定要记得去扫一扫。

　　综上所述，相比之下，线下付款用支付宝要比微信划算一些。

不费脑筋的打折优惠

此处需要名词解释：打折，在最近几年竞争逐渐激烈的商业市场成为一个常见的促销词语。我们经常看见的有：八折优惠，20%off和20%sale。20%off就是将商品原有的价格降低20%，也就是八折；而20%sale就是商品的价格是原来的20%，就等于两折。大家千万不要搞混了。那么，辨别性价比有什么不费脑筋的办法呢？

1.买前先比价

网络时代的"货比三家"，就是在实体店拍下商品的条形码，通过比价网站轻轻一点就可以看到同款商品的"京东价""天猫价""苏宁价"，举手之间便实现了"货比三家"。不过，目前比价软件暂时只支持部分食品、化妆品、数码、家电、图书等，在淘宝上只涵盖淘宝商城和淘宝黄钻店。虽然有人评价其趣味性大于实用性，可它就像主妇包中的一把弹簧秤，说不定哪天买菜就会派上用场呢！

2.团购要谨慎

新闻看得多了，消费者经历团购内容夸大宣传、难以预约、服务遭遇差别对待等血泪教训，如何选择靠谱的团购？团购前看清商品内容，并致电商家问清消费要求，避免隐形消费陷阱。别看到68元一次的全身SPA就心动不已……有的团购价其实就是平日价，有的是开新店促销，有的需要你绕大半个城，交通、时间也都是钱啊，别为了捡便宜亏大了。

3.逛街随手记

平时逛街，只逛不买，随时用手机记下品牌、货号、码数。你一定要相信，只要是中国产的，没有网上找不到的，网上的价格一般是实体店的1/2甚至1/4，不出名的网上小店又比皇冠店便宜1/3。如果没时间挨家挨户搜，就盯住不同门类的几家精品店，在这些店里看样品，记下描述风格、款式、细节的关键词，然后到网上"大搜特搜"。

4.以产地选便宜

购买同类商品，优先考虑原产地的网店。要知道，比个体卖家便宜的是商户卖家，比商户卖家更便宜的是工厂卖家。比如泳衣的主要生产基地在辽宁兴城；40%以上的蚊帐来自江苏南通；樱桃的产地以山东烟台为首；凉席、太阳伞、空调被以江浙款式较多；太阳镜产地集中在浙江台州和广东深圳。如今，绝大多数厂家都开了淘宝店，找到这些店，就意味着剔除了代理商的层层盘剥。

看完以上的方法，结论就是：想省钱又不费脑筋？不存在的。

不拿白不拿，凡事先领优惠券

随着商家促销活动越来越多，消费者收到琳琅满目的优惠券。消费者使用优惠券的目的当然是为了省钱，优惠券的本质其实是一个短期刺激消费的工具，它与积分刚好构成了日常营销的基本工具。优惠券按照介质可分为电子优惠券、纸质优惠券、手机优惠券和银行卡优惠券等。按照用途可分为以下几类。

现金券——消费者持券消费可抵用部分现金。

体验券——消费者持券消费可体验部分服务。

礼品券——消费者持券消费可领用指定礼品。

折扣券——消费者持券消费可享受消费折扣。

特价券——消费者持券消费可购买特价商品。

换购券——消费者持换购券可换购指定商品。

通用券——拥有以上所有功能。

有一种淘宝优惠券，一般面值5~10元，还必须满多少元才能使用，这种优惠券面值较大，使用期限短，俗称淘宝内部优惠券。淘宝商家为什么要发布内部优惠券，消费者又是如何获得和使用淘宝内部优惠券的呢？

淘宝专门为商家发布内部优惠券设置了第三方平台。淘宝商家拿出部分利润以内部优惠券的形式让利于部分消费者，让部分消费者来带动大多数消费者，最后实现盈利。经淘宝授权并在淘宝备案的第三方平台，通过各种宣传途径把优惠券发放给消费者。

消费者通过第三方平台领取了内部优惠券后，系统会自动跳转到淘宝页面，消费者在淘宝购物，安全放心。只有从第三方平台才能领到淘宝内部优惠券，直接进淘宝的消费者是领不到这种优惠券的。也就是说，淘宝商家想让领了内部优惠券的人来带动直接从淘宝进入的人消费购买。

不过购物一定要理性，不要只看销量或者优惠券面值大小。领到优惠券后，要关注优惠券的使用有效期。一般来说，因为是卖家店铺拿来促销的优惠券，有效期相对较短，一般就几天时间。所以，要避免辛苦领到的券过期而无法使用的问题。

淘宝所有的商家都在竞争着，希望获得最大的客流量，正所谓商场如战场，各种明争暗斗，但是淘宝不允许商家随意竞争，商家就会通过一些渠道放出大面额优惠券，让宝贝的销量升高，搜索排名上升，这样就能获取更大的客流量。那么，有什么渠道可以获得这些神秘的优惠券呢？

1. 第一种：白菜QQ群

很多人应该见过类似于这种的白菜QQ群。商家会给群主一些大额的优惠券，以及每卖出去一单就会给几块钱的佣金，之后群友得到了优惠券，捡了便宜，群主也赚了钱，这是双赢的结果，但要是直接在淘宝上买就不能享受到优惠。这种渠道的缺陷就是产品单一，想买的时候没有想要的，只能有时候看到刚好要用的才买。

2.第二种：优惠网站

这种渠道对比第一种就是产品量大，一个网站基本上有成千上万种宝贝让买家选择，选择性强。这种模式也和第一种类似，买家拿优惠券，网站拿商家给的佣金。

3.第三种：返利

除了有我们耳熟能详的返利网之外，还有一种就是微信群返利，这种模式就是买家拿到优惠券下单之后，群主会从商家给群主的佣金里面分出一些给买家，这种是三种中最实惠的，也是最方便的，不需要买家根据推荐来购买，而是买家发送链接给群主，群主找到优惠券和给买家返利，适合平时上网购物时使用。打个比方，你要去买鞋子，实际价格是100元，店铺也没有优惠券，跟你说是最低价了，然后你可以复制商品链接发到返利群里，群主会在后台给买家找商家设置的隐藏优惠券，并且给买家返利。

买东西也能赚钱，聊胜于无的返现

　　随着电子商务的发展，网上购物已成为一种流行的消费方式，大多数的网上商城为了促进产品销量，将一部分利润分给推广者，而推广者又将利润返还给消费者，从而滋生了一个新生的行业——返还利润平台，也就是返利网站。返利网站属于CPS（商品推广解决方案）中的一种，主要是按销量分成的方式付费。

　　假设买家在淘宝网看中一个100元的宝贝，通过淘宝返利网查询该宝贝现金返利金额为10元，通过查询结果中的购买链接进入淘宝网购物，在确认收货后，返利网就会给予买家10元的现金返利，买家申请提现后网站会将这笔钱返利到买家指定的支付宝账户内。

　　简而言之，买家通过淘宝的返利网站去淘宝购物，可以获得一定比例的现金返还；淘宝卖家可以用最少的推广费获得最好的推广效果，返利网站也可以得到一定比例的推广费用。可能很多爱好网购的"童鞋"会认为"羊毛出在羊身上"，事实上也确实是这样，但换个角度想，总比没有得到返现要好，所以要明确返利网的返利流程。

（1）在淘宝网选好商品并复制商品的网址。

（2）打开返利网，将商品的网址复制到搜索框，点击"查询返利"。

（3）点击查询到的商品图片边上的"去淘宝购买"，登录进入店铺拍下付款。

（4）交易完成后自动返利到支付宝账户。

返利网依附于淘宝联盟，通过返利网购物的最终交易平台还是淘宝网，淘宝返利网只在整个流程中充当导购的角色，所以不会对商品质量造成任何影响。但如今返利网站越来越多，买家要选择正规的返利网进行返利购物。

返利网可以百度到很多，但其中不乏骗子，为了安全购物、真正得到返利，买家应该选择一个拥有相关资质的网站：网站有ICP备案、有营业执照，以上两点对买家来讲尤为重要。买家可以通过工信部网站查询ICP备案是否真实有效，查看网站运营登记时间；通过工商局网站查询网站营业执照的注册资金以及经营范围。

返利网

团购妙趣多，邀好友齐拼团

近年来，随着人们生活水平的不断提升和消费观念的进步，"团购"的概念逐渐深入人们的生活，成为老百姓喜闻乐见的消费方式。团购从在我们身边出现到现在，已经有六七年的时间了。在经历了商品到行业的过山车式的发展后，团购仍然在生活消费领域有着不可撼动的地位。

在团购形式中，最有代表性的就是正在我们身边悄然兴起的"拼团"。拼团，简单来说就是熟人之间通过分享、组团、付款团购的流程进行购物，厂家通过大的用户基数实现薄利多销，从而让消费者用更便宜的价格购买商品。比方说我们经常使用的"拼多多""贝贝"。

一群人自发组织在一起，就可以团购某件商品，价格比独立购买优惠。因为既可以买到自己心爱的东西，又可以省钱，所以拼团越来越受消费者的欢迎。拼团模式其实是类似"吸粉＋团购"的模式。通过"团长"分享链接，吸引参团用户，扩充流量，是一种变相的团购，会让购物产生一定的盲目性，非理性、非刚性需求的消费者会占不小比例。

对于消费者而言，拼团能够体验超低折扣，这不仅是一种生活的方式，更是生活的乐趣，这也正是用户热衷于将商品及商家信息与朋友分享讨论的原因所在。

1.拼团即是拼凑起来团购

玩法新颖独特，由"团长"发起拼团，邀请小伙伴参加，达到拼团人数就可以以优惠价格来购买参加拼团的商品（如拼团成功后，团长享受免单等福利；开团之后，未在规定时间内邀请小伙伴参团，那么系统将自动退款给参团者）。这种新的营销方式有利于商家在短时间内提升销售额，利用老会员带动新会员的方式，进行品牌拓展。

2.认准品牌真伪

因为在网上购买东西只能看图片和卖家的描述，所以选准品牌十分重要，购买时一定要购买有防伪商标的正品。尤其是化妆品，直接与皮肤接触，更应该选择好的品牌。杂牌产品质量无法保证，使用后难保不会引起某些皮肤问题。

3.重视团购网站服务

因为团购追求的是价格优惠和限时抢购，所以很多人可能会忽视网站本身的服务。如果产品质量或快递过程中出现问题，而客服没有很好的服务意识，买家心中会有什么感觉呢？有句话说得好，团购网站80%靠服务，20%靠产品。所以在光顾一个新团购网时，我们要留心这个网站的评论或留言。

4.价格优惠或有返利

团购的最大特点就是价格便宜，当搜索到几家团购网站后，把几个商家店里的同款产品都看一遍，比较价格优势。一般来说，团购产品的价格具有很大的诱惑，要比市场便宜20%~30%，但产品是一样的。花更少的钱买到同样的东西，何乐而不为呢？而几乎所有的团购网站都有返利活动：邀请好友注册或分享网站等，可以在团购价格上得到更多的优惠。

关联需求，组合购买更优惠

"剁手族"指的是"网购花钱太多，立誓再网购就剁手的人"（强行名词解释）。且不论"剁手"是不是真的能够控制住网购欲，只看网购可以让人们如此上瘾，就说明了网购充分满足了消费者的需求，消费者对于网购的黏性也非常高。网购让消费者欲罢不能，除了价格公道、购买方便、选择众多以外，网络平台上大数据般的"关联销售"的天然优势，也是一个重要原因。

关联销售，简单说就是引导客户在购买商品时，一次性地购买多种，通常会以比原价低的价格进行关联，吸引购买。相对于传统零售渠道，网络销售平台在"关联销售"这一领域，可以玩的手段多得多，也强大得多。关联推荐为消费者省下了挑选的时间，又可以省钱，买东西的冲动再一次压抑不住啦！

1. 捆绑优惠

捆绑优惠是指，当消费者按照一定的规则，购买两件及以上商品时才能享受到的优惠政策。捆绑优惠吸引消费者的是优惠，卖家将商品捆绑一起强行推销了出去。"请吃下我这个安利吧！"

2. 相关搭配

针对商品的自然属性，理解商品之间的相互关系，依据这一相互关系，引导消费者购买更多的商品。慢着，这种手法似曾相识："你好，听说过安利吗？"

由于搭配是基于商品之间的自然关系，消费者下单的概率会高很多。以京东商城的"推荐配件"模块为例，对于手机类产品，在这一模块中可以看到京东商城推荐的贴膜、保护套、电池、蓝牙耳机、充电器、数据线、移动电源、车载配件、耳机等其他种类商品。所推荐的其他商品，从商品类型上看，是能够与手机互相配合使用的。

3. 智能推荐

智能推荐是当前被炒得很热的"大数据"常见的应用形式之一，它对消费者在网络上的活动数据（包括浏览、购买、评价）进行分析整理，判断消费者的行为特征，从而"智能"地为消费者推荐商品。

亚马逊的智能推荐系统是为大家所熟知的，其首页上没有膏药般的促销信息，而是会根据每一位访问者的浏览记录、购买记录等"个性化"生成推荐信息。而在商品详情页，也会根据商品的被购买记录计算出与其相关的商品。此刻是不是有点"不明觉厉"？算命师傅未必看得穿你，智能推荐却可以哦！

抽奖、玩游戏赢奖品，赚取更多优惠

　　抽奖，大概是这个世界上用得最广、效果也最说不准的促销方式吧。为什么使用广泛？因为抽奖很简单，只要定个规则，消费者就能参加抽奖，得到一个预设的奖品。这种方式几乎没有门槛，而且，很多商家认为，抽奖是个不错的方法，能够召集新的消费者。

　　当然，也有很多抽奖活动和"满就送"结合起来，变成"满××元就能抽奖"，算是两种目的都可能达到的方法吧。抽奖，实际售卖的是一个机会，一个获得某个高价值商品的机会，希望还是要有的，万一中了呢？从形式上说，抽奖有两种形式。

　　（1）别人抽奖。消费者留下个人信息，或者主办方获得一个可以抽奖的名单，然后从中通过一些程序实现抽奖，再通过一些形式通知中奖客户。

（2）自己抽奖。消费者自己全程参与其中，往往有一个抽奖的程序如转盘之类的，然后自己触发抽奖动作，消费者和主办方同时得到结果。

淘宝卖家设置店铺抽奖有两种方式，一种是针对所有的访客，一种是针对已经购物的老客户抽奖，当然中奖率卖家早就预先设定好了，能不能抽中就看运气了，但可以说概率是非常低的，如果是流量较小的店铺，就请各位仙女们放弃吧，别玩了！

除了淘宝，很多微信公众号也会搞抽奖活动拉动人气，尤其是大牌的公众号，线上抽奖活动可以抽到礼品，虽然通常只是抽到代金券、流量话费之类的，但是游戏的形式多样，增粉量是非常大的。

邀请好友注册，获得介绍奖励

现在App做拉新竞争真的很激烈，地铁、道路两旁都是App"抢战"的战场。有钱的砸钱做广告，没钱的炒作话题做传播。而以老带新就是App低成本拉新的高效方法，不用花大价钱，转化率也高，用户都是依靠口碑传播转化来的，对产品的信任感会更强。

作为一个精明的消费者，当仁不让地成为老用户中的一员了，是什么驱使"老司机们"带来新用户？利益奖励是万能的方法。而奖励的核心就是让推荐人和被推荐人（老用户和新用户）获得收益。

1.老用户推荐新用户，新老用户得到同等奖励

比如优步早期的分享优惠码，每个老用户都会

生成特定的优惠码，分享优惠码给新用户，获得价值30元的优惠乘车机会。新优步App的推荐邀请是无须输入邀请码的，直接各送15元奖励。虽然奖励金额少了，但是新用户获得奖励的步骤少了一步，这也是一种进步。毕竟在优步刚进入中国市场的时候，大力拉新是必要的，现在进入稳健发展期，稍微降低奖励幅度也是可以理解的。

2.老用户推荐新用户，老用户获得不同奖励

网易考拉把以老带新活动当作老用户赚钱的方式，挺有意思的，而且新老用户的奖励比较丰厚。比方说新用户奖励：368元新人礼包——1张20元的无门槛现金券和10张不同梯度的满减优惠券。

老用户奖励：每天首次分享成功之后，可以获得5~30元的现金券，这个奖励是每天都可以获得一次的。每成功邀请1个新用户领取新人礼包，再获得20元优惠券；被邀请的新用户完成第一次订单之后，还能获得15元现金券。邀请人数没有上限。

网易考拉

3.基于熟人社交的以老带新分享渠道

一般App邀请好友的分享机制，都是通过默认的微信好友、朋友圈、QQ好友、QQ空间、短信、微博等，有的甚至会拓宽到陌陌、豆瓣小组。考虑到以老带新是建立在熟人社交的推荐基础上，微博、陌陌、豆瓣小组这种更偏向陌生人社交的渠道出现得比较少。

每天几秒钟，签到领淘金币

在使用淘宝网购的时候，你有没有发现，有的宝贝是可以用淘金币抵扣的呢？可是要如何领取淘金币呢？

淘金币是淘宝所发行的一种虚拟货币，这种货币可以通过购物、完成淘宝任务等途径得到。它在某些特定的条件下可以折算成货币用来付费，而淘宝上的活动也往往有着淘金币的参与。淘金币用处多多，不仅可以在购物时抵扣金额，还能兑换运险费、阿里小号等。

1.签到

获得淘金币最稳定的方法，莫过于每日签到

了，签到打卡第一天5金币，每天增加5金币，V4会员最高每天30金币，日积月累，还是很可观的。

淘宝客户端里也有每日签到，规则和会员俱乐部的签到相同，也是以领取20淘金币为上限。也就是说，每天在电脑和手机上签到可以领40淘金币哦！

在手机京东客户端登录签到。登录手机京东客户端，在首页可以看到"领京豆"，点击进去就可以看到"签到"字样，每天都可以签到，而且连续签到有随机的京豆奖励。

2.做任务赚金币

进入淘宝任务盒子里，完成所显示的任务，都会有淘金币奖励哦（一般是2个淘金币）！

淘宝网里的淘金币抽奖，奖品有实物、现金红包、淘金币哦！领取后再次点击头像，可以做赚金币的任务，每天都可参加，赚取更多淘金币。

进入店铺签到是可以领取淘金币的方式之一，

如何进入店铺签到领取淘金币？

关注或收藏店铺送淘金币，在淘宝网平台花金币，是买家日常使用淘宝币的渠道之一，是店铺引流、召回老客户的重要手段。

3.评价晒单

京豆是京东根据用户在京东网购物、评价、晒单等相关活动情况给予的奖励，仅可在京东网使用，可直接用于支付京东网订单（投资性金银、收藏品和部分虚拟产品等不支持京豆支付的产品除外），100京豆可抵1元现金使用，京豆支付不得超过每笔订单结算金额的50%。

用户在京东网购物一般都是会有京豆奖励的。通常在购物完成确认收货以后，系统会提示收货人晒单。此时登录京东网，打开"我的订单"，就可以对订单进行评价，具体京豆奖励是和订单金额挂钩的，自然是金额越大，奖励越多。而且京豆都是即时发放的。发放成功以后在"消息"中就可以看到。

新用户福利，新人专享优惠

　　咱们在网购中一路走来，什么时候是最省钱的？当然是作为新用户的时候啊！（难道不是应该不买东西的时候？）各类商家为了拉拢更多的用户，产生更大的流量，会各出奇招吸引新用户注册，"新用户福利""新人大礼包""新用户红包""0元购产品"……每个平台都有，通常是首单折扣、送现金券、满减券、充值优惠等，吸引力还是非常大的。

　　新注册之后，不妨留意一下网站私信通知，或者点击个人信息页面，就可以看到获得哪些优惠券了！

　　当然，要注意优惠券的有效期，一下子领取了那么多优惠券，用不完岂不是浪费了？建议大家先了解新人福利有哪些，攒下一定需求的时候再注册。或者与亲朋好友拼单分享优惠，就可以物尽其用了!

　　注册新用户，基本上都是用手机注册，其次就是用邮箱、QQ、微博等进行注册，各种账号相信大家拥有不少了。

　　除了网购平台，其他网络平台也都有各种各样的新人礼包，我们要学会利用好每种平台的优惠特点。比方说网约车，新人注册都会有很多折扣券（有优惠额上限），所以新注册的用户可以考虑用于较远的路途，最好折扣额刚好达到上限。一般来说，优惠券都不能自己选择用哪张，系统自动匹配相应的优惠券。而且不同的车型也有相应的优惠券，拼车、快车（人民优步）、专车、顺风车等都有对应的优惠，同一个上车地点，可以逐个切换一下，看看哪一款有优惠，有时候专车搞活动的价格可能会比快车还要便宜，价格便宜还更舒适，何乐而不为呢？

　　再比如各大视频网站，新注册用户可以用很低的价格体验会员，好不容易终于等到心仪已久的电视剧更新完了，充一个优惠会员，一口气把要看的剧煲完（会员还免广告，太爽了），我真的是太机智啦！

　　机会来了，懂得的人，已经开始行动了!

PART 3

进阶版 · 省钱高手

下红包雨吧：扫福、AR、店铺红包

支付宝"集五福"这种玩法到2018年已是第三年，成为陪伴大家最长久的线上红包活动。2018年春节增加了AR扫码等新方式，所以"竞争"异常激烈，据支付宝官方微博称，全球第一个集齐五福的"童鞋"仅用了3分钟。

"还是原来的配方，还是原来的味道"，延续爱国、友善、和谐、富强、敬业这五种福卡活动方式，打开新版支付宝"扫一扫"，AR扫描福字获得不同类型的福卡，集齐五福瓜分现金红包。

不少人本着"马爸爸再爱我一次"的心开了"扫福"，结果扫了五次只扫到两张爱国福。整个春节都被正在集五福的焦虑和已经集到五福的优越刷屏，一张旷世难求的敬业福上了热搜成了梗。

相比于往年敬业福的稀缺性，2018年春节支付宝共有2018万张万能福送出，并且鼓励已经集齐五福的人将万能福送给亲友，让更多的人集齐。今时今日，对于一些人来说，贴福字是旧年俗，扫福卡才是新年俗。

开奖的当天，蚂蚁金服官方微博宣布，集齐五福的人数已超过2.5亿；相比之下，2017年这个数字为1.68亿。不过，2018年的红包总数高达5亿元（2017年为2亿元），平均下来每人可以分到2元……好吧！收益同比增长了68%。

集五福攻略：

（1）打开支付宝App"AR扫一扫"，除了扫福字，"扫手势"也可以获得福卡。让亲朋好友在手机镜头前比出"五福到"的手势，就有机会获得一张福卡。据说为了讨女孩喜欢，支付宝还特地加了美颜效果。

（2）在蚂蚁森林给好友浇水也有机会得福

卡，与亲戚朋友"合种树"也有机会得福卡。

（3）在蚂蚁庄园收金蛋有福卡，还可能有真鸡蛋，由天猫超市配送，但为减轻快递员压力，数量有限。

（4）"一字千金"红包产品，是支付宝推出的选字送祝福的红包玩法，其中每个字对应不同的祝福语和红包金额，用户可以挑选一个字，将这个字和对应的金额一起包进红包，送给朋友。

（5）"万能福"和"顺手牵羊卡"。红包也从之前的"平分"变成了"随机"。2018年又出新规，支付宝钻石用户可专享3张"万能福"，同时可以转赠给其他好友。

下红包雨吧！还有以下这些红包不要错过了。

店铺红包，一般只能在这个店铺使用，属于卖家让利，相当于优惠了。例如100元的商品，用20元的店铺红包，买家实际支付了80元，卖家实际只能收到80元。

淘宝红包和支付宝红包差不多，但是淘宝红包相对来说，可以全网通用或者针对某些类目的商品可以使用，一般虚拟类的商品不支持红包。这些红包付款后的款项，是直接进入卖家的账户的，例如100元商品，用了20元淘宝红包，买家实际支付80元，卖家实际收款100元。

　　支付宝红包有较多种类，有的是朋友和朋友互送红包，相当于送钱，可以直接提现。有的支付宝红包只能在购物的时候使用，购物类的支付宝红包和淘宝红包的用法一样，效果也一样。

为了"立减"，攒下需求来凑单

"满立减"是购物网站为商家搞一些促销活动而推出的，就是凡是购买商品满多少数额、数量后立刻减价。可以简单地展开词语来理解：满了立刻减。不少商家还把"满立减"作为一个专门的促销活动来举行，指定某些商品定期举行"满立减"活动。

1.不凑单，不成活

在"划算"二字面前，人们往往难以把持住自己。然而买回了"划算"，才想起只是想吃个面包的初心。不管是京东上打出的"满399减100"还是天猫超市"满88包邮"，购物网站上日益更新的促销活动总是能激起剁手党们坚定不移地继续伸出魔爪。优惠券、折扣季满天飞的当下，没有多少人能抵得住赤裸裸的诱惑。明知道是商家的促销手段，依然不能说服自己错过这样的优惠机会，毕竟生活这么艰难，能省一点是一点。

看到网站促销时，人们很难管住自己的手，一句"以后用得着"的安慰促成了"买买买"的决心。尤其是女生，没事就喜欢囤卫生纸、卫生巾。

2.立减专场

淘宝网推出了一系列淘宝购物频道，淘宝秒杀满立减就是其中的一员，满立减板块呈现参与购满到指定金额就可以享受减价的商品，天天更新，并且有"更多满立减店铺"搜索导航。其他网购平台也有类似的立减专场，更多的是搞活动的专场，人们可以通过这类活动专区或频道精准找到立减产品中有哪些是自己需要购买的，可以一次把需要的东西放进购物车中，非常直观。

3.注意立减的范围

网购平台上的大牌系列产品经常会搞促销活动，又是满立减，又是优惠券。以京东为例，京东系统是先结算满立减再在订单页面使用优惠券的，所以满150立减40是最先结算的。什么意思呢？比方说我在购物车中加入130元洗护套装、24元的护手霜，购物车中自动会显示为114元，这样再加入86元的商品才能使用满200减50的满减券。如此看来实际的最优折扣率应该是$150 \div (150+90) = 0.625$，也就是六折多一点，并不可能达到一些人期望的五五折：$(200-50-40) \div 200 = 0.55$。再一个就是涉及商品的返京券，以前也有人提示过了，绝对不可以单纯地把返京券当成立减现金，如90元的商品返了10元京券实际是打了九折，相当于这个商品的实际价值是81元，而如果是立减10元则是打了八八折，实际价值是80元。

满价换购、买N免一，做个精明的囤货党

换购是商家促销的一种方式，标着换购价主要目的是鼓励消费。以某网购平台的满50元换购为例：购买的商品超过了50元，就可以在它的换购商品中选择一款，加上相应的换购价，就可以得到想换购的商品。同理，如果满100元，就可以以换购价购买任意两款换购商品了。也就是说，换购通常没有数量上的限制。

换购商品的市价通常是换购价的两倍左右，所以如果换购商品中真的有自己需要的产品，就是相当划算的。但是如果没有需要，不换购会更省钱。所以大家还是要根据自己的实际需求来换购，最理想的状态就是能做到"买到等于赚到"。

　　"买N免一"就是单次下单同店活动商品件数达到N件或N件以上时，即可享受所下单活动商品中价格最低的一件商品扣减让利优惠（即在下单页面减掉价格最低的一件活动商品）。"买N免一"简直就是囤货党的福音、拼单党的号角，适合对日用品十分专一以及有着共同喜好的同事好友一起拼单，满足自己的需求又能联络感情，一举两得呀！

　　如果为了凑单的节约不算节约，那么买来少用的浪费也算不上浪费。其实节约和降低生活品质并没有多大关联，不喜欢拥挤的车厢，就多蹭些打车券，上下班叫车也不会花多少钱；偶尔想去高档餐厅，可以趁着餐厅出打折券或是推广阶段去，不仅能省下不少钱，而且同样能享受到品质生活。其实生活不缺乏节约的机会，偶尔动些"小心机"，才是最有头脑、最有效地花钱。

　　人生就像一场未知的旅行，购物也是一样。并不是所有的优惠产品都是鸡肋，一些优惠产品可能正在推广阶段，有时候尝试一下反而会因此打开新世界的大门。说不定尝试过后，还能发现更好的！

秒杀、限时限量抢购拼手速，玩的就是心跳

　　如今精打细算的节约型消费已经成为时尚，而网络"秒杀"抢购风潮正是这种消费文化的最新衍生品。"限时、限量"的商业模式正好迎合了这种消费心理，而这种新奇的"抢购文化"也大大刺激了消费者的购买欲望，从而形成了一种娱乐性浓厚的抢购文化消费潮。

　　所谓"秒杀"，就是卖家发布一些超低价格的商品，所有买家在同一时间在网上抢购的一种销售方式。通俗一点讲，就是商家为促销等目的组织的网上限时抢购活动。由于商品价格低廉，往往一上架就被抢购一空，有时只用一秒钟。近年来，在淘宝等大型购物网站，"秒杀店"的发展可谓迅猛。

1.一元秒杀

此种秒杀一般只有1件或者几件，秒杀价格绝对低到令人无法相信，消费者无法抗拒。此种秒杀一般在开始之后1~3秒就会完毕，抢购速度相当之快，有意参与此种秒杀的"秒客"电脑配置一定要好，而且网速上一定要比其他的"秒客"占据更大的优势，才能够提高秒中概率。

2.低价限量秒杀

此种形式也可以理解为低折扣秒杀，限量不限时，秒完即止。采取此种秒杀形式的商家提供一定数量的商品，秒完即止，对于"秒客"来说，在时间的把握上要求没有那么苛刻，秒中的概率相对来说是很大的。

3.低价限时限量秒杀

此种形式也可以理解为低折扣秒杀，限时限

量，在规定的时间内，无论商品是否秒杀完毕，该场秒杀都会结束。对于"秒客"来说，在时间的把握上要求没有那么苛刻，但是下手一定要及时，过了规定的秒杀时间就不能够参与，秒中的概率一般会很大，但是时间上一定要把握好。

限时限量的购物模式不管是在国外还是在国内，都变成了一种越来越流行、越来越普遍的方式。一个购物网站推出一些秒杀抢购的活动时会带来不少的利润空间，短时间内往往能够让一堆买家疯狂聚集。其实"秒杀"不仅仅是一个动词，更是网络"秒客"们的一种生活常态。在热爱秒杀的网友看来，其实"秒杀"拼的不仅是专注力和运气，还有很高的"技术"要求。

网购平台经常会推出一些限量热门商品的抢购活动，买家首先要多上去逛逛找到自己感兴趣的商品，例如拍拍网会提前公布货品样式、数量和抢购时间，看中的话最好先填写好收货地址，提早守候在抢购页面先熟悉一下，抢购时间一到就迅速按下鼠标准备出手，才有可能在几百万网友中成功抢到。

不花冤枉钱，包邮才是王道

"江浙沪包邮"为网上"三大不平等条约"（无座火车票原价、江浙沪包邮、北方集中供暖）之一，什么是包邮呢？

包邮是指商品已经包含了邮费，准确定义是商品价格加邮费，拍下不用补邮费差价，付款就等卖家发货。尤其是电子商务平台，都会以包邮来吸引客户前来购买（如1元的商品，购买10件包邮，就代表这个东西的价值可能只有1~2角钱）。

非质量问题退换货，邮费归保险公司承担（需要买家先垫付来回邮费或购买运费险），质量问题退货邮费归卖家承担（需要买家先垫付一下邮费），然后卖家再把邮费退给买家。

　　对于卖家来说，包邮比不包邮利润高一些，天猫商城卖家或淘宝皇冠大卖家都喜欢设为卖家包邮，这样可增加利润。但有时买家会有特殊要求，比如必须采用航空EMS或顺丰快递邮寄，或者买家需要加急，这时就需要补邮费。

　　如果想包邮又买不够规定金额，建议可以和同事、朋友一起拼单，买的人多了自然就够包邮档，不够包邮档，邮费也能减半。买得多的时候也可以自行跟店主商量包邮。

　　当然，也不要迷信包邮。很多人一看到"包邮"两个字就心满意足，感觉自己捡了个大便宜。一般来说，商家早已把运费计算在总价里了，所以付款前，一定要货比三家，细算总价。

多渠道索取赠品，免费用大名牌

　　追求时尚潮流，并不意味着要奢侈购物，一些年轻的"赠品达人"在网上大晒他们索取到的免费赠品，他们追求时尚潮流却不奢侈，通过在论坛上共享"免费信息"，达到不花钱就能用上好东西的目的。

1.企业网站申请

　　一些大企业网站，每推出新产品，都会送赠品供会员试用，通过短信、邮件等形式通知会员索取。许多"赠品达人"通过会员身份获取各种赠品或小样。因为一人只可以注册一个用户，很多达人便发动了全家人一起去注册申请。这些小赠品集合起来，足够一名消费者用上很长的时间，有些"赠品达人"甚至一整年都不用买护肤品。

提醒

（1）通过网站申请，通常有两种形式可以拿到赠品，一是网站将赠品直接邮寄到消费者手中，二是消费者去柜台领取。第二种方式需要凭账号密码前往指定地点领取，还要注意领取有效期。

（2）有一些号称免费赠送的赠品，商家要向消费者收取一定的邮费，因此申请领取赠品也要考虑是否有实际需求，计入邮费是否合算等问题。

2.专柜免费领取

凭报纸的印花、杂志的剪角、打印优惠券等可以在专柜领取到赠品。免费信息可以从多个渠道获取，包括网站、杂志、报纸和优惠券打印机。

提醒

专柜免费索取的试用装通常很快就会被拿完，因此不容易拿到。有一些专柜要求顾客购买东西、在现场做测试或者登记个人信息才能领取小样，有时会给顾客带来一些不便。

3.购物附送

一些超市凭单购物可以领取赠品。多索取一些宣传单，分批购买可以索取多一点赠品。超市经常有购物送赠品的活动，一种是购物直接送赠品，一种是凭宣传单送赠品。有些商户没有购物金额限制，多索取一些宣传单，分批进行购物，这样可以索取多份赠品。

4.参加活动

参加一些活动或许能得到更高级或者大件的赠品。通过网上的有奖知识竞猜、调查问卷等活动可以得到奖品，奖品甚至有手机、电脑等。此外，蛋糕店、餐馆举办的试吃活动，零食店、小吃店、饮料店的试吃食物，"赠品达人"也是不会错过的。

手机用户福利，手机专享优惠

我们在使用手机淘宝客户端的时候，会感觉到无论是购物、支付还是查看物流等信息都比较方便，同时，手机淘宝客户端可以获取一些专享特权，比如领取淘金币，可以参加一些优惠购物，还可以领取淘里程等。手机专享价是卖家提供的一项优惠服务，使用手机端下单可以比在PC端购买更优惠，可实现在手机和电脑上不同的价格折扣。

那么，如何获取这些专享特权呢？

进入"我的淘宝"以后，出现了一些功能选项，比如查看订单、卡券包、帮助与反馈。选择进入"我的专享特权"，出现了几个特权项目，点击"淘金币"图标，则显示已领取；还可以点击上方的"马上签到",出现签到记录、每天签到的时间和领取情况。在签到记录后面还有一个"获奖记录"菜单。点击"获奖记录"后,将会看到领取的优惠券情况列表,还可以点击"立即查看"进入该优惠券的详情页面。

打开手机淘宝,在搜索栏输入你需要购买的商品,在筛选栏中勾选"手机专享价"会发现搜索出的宝贝全部设置了"手机专享价"——价格下面有蓝色的"已省　元"的标志。

在买商品之前,先看一看商品页面下面的月成交记录,注意看有没有"手机专享"。注意看!手机专享一般没有把价格显示出来,那是因为手机专享价会比这个价格更便宜,便宜几块钱、十多块钱,都是钱!如果碰到有这种标识就说明用手机买更划算,收藏起来,然后用手机端下单付款!

天猫"双11"新玩法：预售

2017年"双11"淘宝、天猫、京东等各大电商平台纷纷开启预售模式。对于买家而言，只有提前参与商家的预售活动，"双11"当天才能确保享受到实惠。预售主要目的在于以下几点。一是预热，提前20多天吸引消费者关注"双11"，从而提高转化率和ARPU（即用户平均收入）；二是通过预售引导商家合理备货；三是缓解当日0点时流量暴增所造成的服务器负担；四是通过提前备货和入仓，提高消费者体验尤其是物流体验。

1.线上预售花样多：各种红包各种秒杀，让你看花眼

所谓"预售"，指的是提前缴纳定金，销售当天可以获得最低价格。距离"双11"还有一个月，满屏的定金支付活动已经开始，比如定金翻倍、火炬红包、购物津贴、上不封顶、优惠分摊。

淘宝官方出品的"双11"攻略里，各种名目的活动就有14种。与往年相比，预售模式更加考验买家手速和"脑洞开放度"。光是"购物津贴"就有叠加顺序：大促价（促销价）、单品级优惠、店铺级优惠、优惠券、购物津贴、红包等，这些看着相似实则大有不同的名词，就能把人绕昏了头。

以京东为例，不同时期还有不同的主题购物活动，且以10~30元定金为主，呈1.5~3倍翻倍。定金是"双11"预售开始时付，尾款是"双11"当天凌晨1点开始付，个别店家会在某一天（大多是预售开售前几天）有定金免单活动，先付款，收货后返还。

而苏宁易购推的O2O购物节，"剁手族"在线上可以通过玩游戏的方式赚红包，甚至抢1111元大奖，很多货品低于五折。

2.让消费者开心：更优雅地剁手，更满足地省钱

不用熬夜比手速大概是预售给予剁手党最直接的好处。过去为了抢"双11"0点的折扣，网上一片哀号，打折买来的眼霜可能还补救不了熬夜带来的黑眼圈。

预售使得消费者可以提前在任意方便的时间节点下单，相当于用一点沉没成本换来了轻松购物的优雅和乐趣，听起来也不算是很坏的交易。

而至于传说中比"双11"当日更低的优惠价格，则是对学习能力和计算能力的一种嘉奖。为什么总有一些人对信用卡优惠活动乐此不疲？能省多少钱也许是其次，能算清楚别人算不清的账，从而利用"学识优势"省下来这笔钱，才是满足感更重

要的来源。

　　对于消费者来说，若是能在这些眼花缭乱的公式和套路中游刃有余，最后真的获得了最低价，其满足感或许比直接打对折更大呢！

移动支付"跑马圈地"，选对方式享优惠

怎么花钱才爽快？这不是要比身家、比阔绰，而是现在付款方式一箩筐，信用卡跟商场联动有优惠，移动端付款有特供款、特定价，甚至报个电话号码就能花钱！不带钱包逛街购物，不再是梦想。

移动支付也就是手机支付，是允许用户使用其移动终端（以手机为主）对所消费的商品或服务进行账务支付的一种服务方式。单位或个人通过移动设备、互联网或者近距离传感直接或间接向银行金融机构发送支付指令产生货币支付与资金转移行为，从而实现移动支付功能。移动支付使终端设备、互联网、应用提供商以及金融机构相融合，为用户提供货币支付、缴费等金融业务。

移动支付分为近场支付和远程支付两种。近场支付比较常见，即用手机刷卡的方式坐车、买东西等。远程支付是指通过发送支付指令（如网银、电话银行、手机支付）或借助支付工具（如通过邮寄、汇款）进行的支付方式。

1.支付宝

（1）卡券管理：一堆的电子券，可以把它们都收到这里，尊享与优惠再也不落下。

（2）手机转账：同一身份证下的多个支付宝实名账户终身共享2万元基础免费额度（包含转账到银行卡、账户余额提现），超额度后按照0.1%收取服务费，最低1笔0.1元；非实名账户目前无基础免费额度，转账到卡按0.1%收取服务费，最低1笔0.1元。另外，余额宝提现到个人银行卡免手续费！

（3）手机充值：折扣优惠，为自己、为他人随时充话费，让手机永不停机。

（4）信用卡还款：免手续费，支持主流的30余家银行的信用卡还款，还有还款日提醒。

（5）生活缴费：免手续费，随时随地轻松完成水、电、燃气缴费，免去排队之苦。

（6）有余额宝这个金融属性的产品存在，大额资金存款可以选择支付宝。

2.微信支付

（1）支付方式简单、快捷、安全，具有最快、最简单的移动支付体验，支持所有主流银行卡。

（2）微信支付以其独特、高效、快速、方便的支付模式，吸引了越来越多商家和买家的参与，其支付优势不断突显。

（3）微信属于社交软件，普遍存在于每一个人的手机上，用户规模大，又基于微信的熟人社交，丰富的线下支付推广，保持稳定的红包活动和鼓励金政策。

（4）商家可以用微信进行微营销（还是用户多的原因）。

3.云闪付

银联联合商业银行、支付机构等各方共同发布了银行业统一App"云闪付"。

（1）通过自己的银行卡申请一张装在手机安全硬件区域里的电子银行卡，不用刷卡、不用插卡、不用扫码，只用手机靠近POS"嘀"一下就付款。

（2）"云闪付"App不仅支持面对面扫码转账，还支持App里转账到别人的银行卡。实时到账，而且全程无手续费！

（3）周边优惠基于地理定位，实时查看你身边的优惠，厉害的是各银行优惠都能知道！

（4）"云闪付"App已支持全国300多个城市的水、电、煤气、国税、地税、交通罚款、物业、取暖、有线宽带等公共事业缴费业务，不收取任何手续费。

4.QQ财付通

（1）账户充值：一点通、手机话费充值、手机银行、光大阳光储值等。

（2）生活好帮手：充值Q币Q点、开通QQ服务、充值手机话费、信用卡还款、邮政汇款、水电煤气缴费、彩票卖场、QQ电影票、航班动态。

5.360安全支付

（1）方便快捷地充值360币。

（2）随时随地充值话费和流量。

（3）支持360理财宝，享受高收益。

6.翼支付

翼支付客户端向手机用户提供综合性移动支付业务，如水、电、煤气缴费，话费充值，游戏快充，手机加油，手机购彩，购电影票，当当网购，购火车票，易到用车，号百商旅。通过安全键盘、支付密码多重保障体系，用户可尽享中国电信提供的便利生活及娱乐休闲服务。

7.中国移动手机营业厅

（1）强大的查询功能：套餐余量、话费、积分、账单、个人信息、已定业务随时查询。

（2）便捷的业务办理：办理套餐、增值包订购及退订一键办理。

（3）省钱的充值服务：信用卡、手机钱包等多途径充值方案，有更多充值优惠。

（4）营业厅网点、WLAN热点查询：内置地图定位功能，移动生活便捷随行。

PART 4

精打细算级 · 省钱大神

海淘想省钱，看准汇率和合适的信用卡尤为重要

海淘了，想知道花多少人民币，并不是百度一下某外币兑换人民币汇率就能得到正确的消费值的。汇率是根据每个银行的外币卖出价确定的，并不是百度上的当天汇率。同一外币不同银行的汇率不同，各个银行网站可查，并且每天的汇率也不相同。这是什么意思呢？

比如招行，你今天买了东西，但是汇率不一定按今天的算，要按记账日算，就是你消费的国家向招行要钱那天的汇率。

还有，虽说叫全币种卡，但是其实除了美元兑人民币，其他币种都要先折算成美元，再折算成人

民币，这样消费者得多掏一点点钱。

　　海淘的过程中，一张合适的海淘双币种信用卡是必不可少的。然而，市面上的信用卡如此之多，如何选择一张最适合的海淘信用卡，这是需要做一番研究的。

1.海淘双币卡办卡原则

　　考虑可以以方便的方式免年费的卡，另外，如果有境外刷卡需求，可加入Visa、Master、AMEX、JCB等外币信用卡。现在的信用卡主流级别如下：基本上钛金以下的卡均不收取年费（或是可以以很低的标准免除年费），白金及以上的卡基本上需要付年费（当然也有一些"小白金"不需要年费，不过不是每张卡都值得办），或是免除年费的条件很苛刻。一般来说，信用卡的级别越高，享受的福利越好，年费一般也越高。

2.主流银行的海淘信用卡推荐

（1）中国工商银行。

A. 工行多币种信用卡，可以免除所有的货币转换费，等于白白省下来1.5%的消费金额！而且一张卡搞定基本所有的非美元货币，免得养着一堆的外币卡不小心每年刷少了收年费，养这张卡一劳永逸。对了，这张卡只有Master，就把你的Master留给它吧。

B. 工商银行的Master白金卡口碑很不错。这张卡优点是：国外机场候机室不限次数的PP卡，可以进入贵宾休息室。这张卡免年费的标准是：有20万的积分消费。如果你的年消费额可以达标的话，而且有较多的国外商旅机会，那么可以办一张。

（2）中国银行。

中国银行的信用卡通常额度较低，不过国航知音中银信用卡适合用来刷平时积分，可兑换里程，这在非白金卡里面首屈一指，这张普通卡只有Visa的版本。

（3）招商银行。

招商银行网银最方便，必备卡，没有之一！招行的卡实在太多，最大的好处就是：支付宝、财付通快捷支付有积分。

金卡及普卡档次只推荐一张：招行运通金卡。这张卡的优点如下。

A．最方便申请的运通卡，在海淘方面，有的美国B2C只有运通不会被砍单。

B．网购方便，在MAC/Linux下，只有招行才能畅通无阻！另外，不建议在有了这张卡之外申办其他的招行卡，因为只有运通卡的积分是靠谱的。同时建议申请金卡，因为积分兑换比例上绿卡和金卡有区别，这两张卡都是首年免年费，刷满6笔免次年年费，因此还是申请金卡吧。

（4）总结一下这三张卡的主要作用。

A．工商银行多币种信用卡（Master）——非美元交易；

B．中国银行国航知音信用卡、中银白金信用卡精英版（Visa）——线下积分；

　　C. 招商银行美国运通金卡（AMEX）——海淘首选。

　　希望大家有一张合适的海淘双币信用卡，快快上手，开始你的海淘之旅吧。

学了那么多年数学就是为了算"满赠""满减"了

　　每逢节假日，各商家的打折促销手段很多，有"满200元减100元""满300元赠200元券"等。各种"满减"和"满赠"活动看起来好像都很划算，但按相关的折扣公式计算下来，"满减"和"满赠"还是有很大区别的。

　　目前，商家"满"系列活动中，经常配合的动词主要有"赠""返""减"等。最初，商家一般用"满赠""满返"来区别于直接折扣，这两种实际性质差不多，大多数为返券，有抵用券、折扣券。"满减"出现较晚，由于减掉的是现金，更像直接折扣，不同的是需要达到一定金额才能参加活动。

不难发现，商品的标价尾数通常是没有整数的，不是8就是9，距离折扣条件就差一点点，让你心里直痒痒。在商家推出的看似折扣的优惠活动中，消费者很难享受到折扣优惠。商家促销很少有"满199元或198元减××元"的，绝大多数都是"满200元减××元"。这就意味着，总会有一部分商品的价格与折扣价格差一点，不能优惠。

"满减""满赠"加打折，是近些年商家喜欢并惯用的促销手段。不过，看上去实惠多多的促销手段，里面却大有玄机。

1.关键词：满赠

据业内人士介绍，"满多少赠多少电子券"的公式为：$X \div [X + (X \div N) \times A] = 折扣$。

其中，X代表消费金额；N代表活动中须满足的额度，如"满200元赠100元电子券"中的200元；A则代表了返还的额度，如"满200元赠100元"中的100元；$X \div N$须取所得结果的整数且不能四舍五入。

　　许多商家常出现的返还电子券如"满200元赠100元券"，按照"满赠"公式计算，比如一件商品为289元，按照这个公式也就是289÷[289+(289÷200)×100]=0.66，相当于打了六六折。

2.关键词：满减

　　相对于"满多少赠多少券"，另一种常见的促销"满多少减多少"，折扣公式则为：[X-(X÷N)×A]÷X=折扣。

　　其中，X代表消费金额；N代表活动中须满足的额度，如"满200元减100元"中的200元；A代表减免额度，如"满200元减100元"中的100元；X÷N须取所得结果的整数且不能四舍五入。

　　如果是"满200元减100元现金"的折扣，一件商品价格同为289元，按照[X-(X÷N)×A]÷X=折扣，也就是[289-(289÷200)×100]÷289=0.5，相当于打了五折。

结论：在金额相同的前提下，"满减"较"满赠"更划算。

3. "满减"与"满赠"的区别

在日常生活中，我们经常看到商家推出"满赠""满减"活动。这些活动中的折扣也是有区别的，以"满100元减50元""满100元赠50元券"为例，别看只是一字之差，折扣却有着一定的差别。

以商家"满100元减50元"为例，一件售价299元的商品，按照"满100元减50元"来计算，优惠后价格为199元，实际算下来相当于打了六六折（不四舍五入）。而按照"满100元赠50元券"来计算，表面看起来优惠差不多，其实是花299元买了399元的商品，实际上是打了七四折（不四舍五入）。

如此看来，同等金额下的"满减""满赠"活动，"满减"活动更划算。

4."满100元减50元"折扣力度最大

以商家推出的"满300元赠150元券"为例，看上去是打了五折，实际上消费者购买300元商品时，享受的折扣是五折，但购物超过300元时，折扣就没有低至五折了。

商家经常推出的"满300元减150元""满200元减100元""满100元减50元"活动，相比之下，"满100元减50元"活动折扣力度最大。

不厌其烦，关注店铺、好评截图、分享到 社交网络得返现或返券

　　自从网购越来越普遍，不像从前可以面对面交流，现在人们光顾店铺就只隔着一块手机屏幕，如何让顾客与店铺互动，起到增加粉丝黏性和数量的作用，是目前商家不断探索的问题。目前消费者与店铺互动获得相应奖励的方法有很多，主要有关注店铺、好评截图和分享社交网络。

　　关注店铺返券：买家通过网店指定的关注推广页面进入并关注店铺成功，且在关注有效期内购买该店铺下的任何商品，可享受一定金额的优惠。若取消关注，在取消关注之前购买的商品仍旧能获得相应的优惠，取消关注后再购买该店铺的商品，不作关注优惠结算。

　　好评返现是卖家提高宝贝评价和口碑的方法之一，可以鼓励顾客评价商品，给其他消费者提供关于商品的反馈信息。由于购物的整个过程都是隔着手机屏幕的，现在人们网购的时候，除了看一下店家的信用度，还要看看评论晒单，好评越多，商品的质量就越靠谱。好评，对于商家来说实在是太重要了。好评返现不仅是为了奖励那些积极主动给予好评的买家，更是为了激励那些"懒癌"患者更积极地发表对所购买的东西的评价。

　　分享社交网络得返现、返券其实就是借助自己的社交网络对商家或对商品进行宣传推广，然后获得商家的现金或现金券奖励。这种方式在线下的运用比较多，尤其是餐饮行业。只要在朋友圈晒一晒美食的图片及定位，加上微信的强大社交功能，就能起到很大的宣传作用，为餐厅带来更多的客人。而作为吃货的我们，动动手指就可以获得优惠，同时可以更新一下自己的动态，与小伙伴们分享每次外出用餐的体验，也是不错的选择呀！

积分当钱用，参与指定活动会员积分奖励

如今获取客户的成本越来越高，客户留存越来越难，客户就像不羁的野马，只能鞭策，却不知如何驯服。该如何摆脱这一窘境呢？对，答案就是积分。淘宝、京东、唯品会等各大网站，甚至街边的小店也都开始了积分轰炸，积分系统无孔不入。

1.提升用户忠诚度

积分系统一方面能够培养顾客忠诚度，另一方面能刺激粉丝转化为忠实会员，帮助商家更好地留存粉丝，回馈并激励会员的购买消费行为。会员连续签到、购买店铺商品、参与大转盘等互动游戏，都可以获取积分，从而兑换优惠券、实物等，回馈

老用户，并激励和引导用户用优惠券购物，提升二次购买率，实现有效转化。

2.用户分层，精准营销

商家能够通过积分的多少将会员划分为不同等级，从而区别对待，有针对性地进行管理，比如购物积分，积分多的会员一般忠诚度比较高。同时通过积分判断会员的消费能力，从而给他推荐更适合的产品，比如"银卡会员100积分兑换50元优惠券""金卡会员50积分兑换50元优惠券""1000积分自动升级为钻石卡会员"。

3.忠诚度更高

培养会员忠诚度，维护会员，刺激会员反复购买。通过积分系统，提升会员对店铺的依赖性，留住会员，从用户方面挖掘产品的可用性和用户价值，进而更好地经营店铺。比如："消费1元积1

分""100积分兑换10元现金券""全场通用"，使会员养成先积分换券再消费的习惯。

4.积分连接线上线下

积分商城对用户行为具有导向作用，会员通过购物获得积分，积分又可以换取优惠券、物品，用户又通过优惠券到店进行线下消费，形成一个交易闭环，引导会员消费。例如"消费送积分""周年庆双倍积分""积分当钱花"。

小积分大用处，轻松兑换礼品、现金红包

经常淘宝的小伙伴肯定知道，我们平时在天猫上购买商品是可以按比例获得天猫积分的，天猫积分关闭抵现功能后，没了抵现的诱惑，积分还能做什么？

其实改版后，天猫积分不贬值，反而升值了。比如，之前200个积分可以抵现2元，新规则下，淘气值600以上的剁手党可以在天猫超市直接抵扣5元。实际上，天猫积分抵现只是积分权益中的一项，消费者也能通过积分兑换礼券，或是通过会员中心、积分频道参与权益兑换等把积分花掉。虽然天猫积分不能抵现，但关闭该功能的同时，上线更多花钱买不到的福利。

天猫积分权益的实现途径有以下三个。

（1）兑换礼券，会员通过商品页面、会员中心等渠道消耗积分，即可兑换天猫购物券。

（2）会员通过"会员中心"消耗积分，兑换超值商品和权益，但是虚拟类商品（如充值话费、Q币）、黄金及黄金制品类商品、医药馆中西药品和医疗器械类商品暂不支持使用积分获得折扣让利或兑换。

（3）其他天猫官方举办的活动，可能需要会员消耗积分作为活动准入及报名门槛。

查询天猫积分下面有刮奖，200积分一次，最高是中50元，一般是中2元，是天猫通用的无门槛优惠券，优惠券7天有效，不可叠加使用。下拉还有积分兑换，可以直接兑换天猫无门槛优惠券，100积分兑1元，500以上积分可以兑换，7天有效，不可叠加使用。旁边还有玩游戏赚积分，可以用现有的积分押注玩小游戏，获得更多的积分（各位就不要试了，因为没多少人中的）。

看清使用范围，关键时候"抵用券"再来一波折上折

相信大家都还记得"双11"抢红包、抢购物券，然后拼命凑单用红包、用购物券的情景吧！

满减规则是这样的：满399减30，满499减50，满899减100，一单可以用10个红包。如果红包还有十五六个，而需要买的符合满减条件的只有840元。

一般我们的第一反应是再去找个60元左右的东西凑到899元减100元，往减得多的方向凑。但是呢，商家更精明，往往就是没有60元的东西，要么是57元、58元的，要么就是70元、80元的，反正没有正好59元或者60元的。这时候难道只有多花点钱

加一样或者降一档满减这两条路了吗？不是的，笔者发现了另一条路！

因为是凑单，是多个店铺多样东西合并付钱，而不是就一件商品，所以笔者想到了拆单，不用899元或者499元这两档满减，拆成两个399元的单子，这样可以用两次红包，以此方法可以把十五六个红包都用了。

这么一来不用多买东西，比之前多用了10元优惠券和5个红包！是不是非常好？

另外，购物券一般都是有时间限制或商品限制的，例如仅限11月11日当天使用，或者电子产品适用。所以在购物券到手后先看看使用范围和使用时间，如果可使用的恰巧是自己需要的宝贝，就是赚到！

这两个小新技能大家学到了吗？

其实，笔者就是不想为了满减券而让自己为那些不需要的东西埋单。当然也有很多网店设置了实在凑不了单也拆不了单的情况，那我就按照自己的需要购物，不要因为便宜几块钱而多买，多买的有点鸡肋，食之无味，弃之可惜。所以我们要理智地买买买，碰到满减活动能省钱最好，真的省不了钱也没有办法，就按需要购物！

闲置物品有好去处，二手拍卖网站的兴起

家里的闲置物品都可以拿来做生意，越来越多的人发现了这其中的乐趣。在二手平台上发张照片、写点描述，甚至可以一键从淘宝购物页面变成转卖，等待买家上门，私信砍价，进而达成交易。接着在平台上就可以叫快递上门取货，最终货到、确认付款，交易成功。这下子，既为家里节省了空间，又赚了点儿小钱。

作为二手交易的基础，网络购物已有万亿规模。在线二手交易经过10年线上化的进程，终于在2016年形成了规模，甚至成了人们的一种生活方式。

随着消费升级，物品的更新换代速度加快，个体手中存量物品的闲置率相比之前大幅提升，需要

适合的平台来释放。例如数码电子产品的更新换代频率很高，手机尤为突出。有数据显示，在eBay上销售的二手iPhone中，超过一半的仅使用1年左右。

从二手交易的品类来看，涵盖汽车等交通工具，手机、电脑等3C产品，办公设备，家电家具，个性化的母婴产品，服饰配件，美妆，音像书刊，甚至投资型的艺术收藏品等耐用消费品。

随着家长的观念逐渐放开，尤其是更为年轻化的"85后"、"90后"开始进入家庭孕育时期，国内的二手母婴市场进入高速发展期。二手交易网站正被赋予全新价值：不仅优化社会资源，让生活更加低碳，还能体验分享的温情与乐趣。

行业之外，按照区域分布的二手交易也显现出了规律。其中表现抢眼的是主打"学生经济"的校园市场。有该领域的创业者统计，一名在校大学生四年里能产生1万元以上的闲置资产（包括手机、电脑、平板电脑、自行车、服装和生活用品），而全国在校大学生有数千万量级，所以理论上同样存在千亿规模的二手交易空间。

在移动客户端，也已经实现了闭环交易体系，包括注册登录、信息发布、咨询沟通、下单支付、物流配送、售后评价，整个交易过程平台可控、可溯源，打通了信息、资金、物流的链条。

从用户群体来看，目前移动二手电商以一线、二线城市的年轻一代为主力。闲鱼数据显示，19~30岁的用户是二手交易的主力军，年轻人更容易接受这种渗透了环保、共享观念的消费形式。

闲鱼和转转是二手交易平台中最大的两个平台。闲鱼作为阿里旗下的产品，不仅沿袭了阿里在电商领域的强势，甚至有兴起阿里社交领域的趋势；转转是58同城的重点产品，获得腾讯1亿元投资，用户增长速度相当可观。其他平台还有猎趣、拿趣、旧爱等。

1.闲鱼

鱼塘是闲鱼的核心功能，将社区和二手商品

交易结合起来了。鱼塘主要有两类，一类是兴趣鱼塘，通过某类商品资源聚集该品类的爱好者，让一些相同品类的发烧友们能够在一起交流、找到感兴趣的商品。用户刷着鱼塘，看着有意思的二手商品，顺手下单也是理所当然。还有一类是基于地理位置的鱼塘。比如高校鱼塘，高校由于阶段性，本身具备了很多二手交易的场景，如课本、毕业后的物品。

平台认证通过支付宝的资源对用户进行实名认证做担保，以及接入支付宝的芝麻信用分做背书。此外还能查看超赞数量、以往的交易评价、发布的其他商品，这些信息一定程度能作为交易前的参考。

2.转转

转转是58旗下的产品，上线比闲鱼晚1年，用户量和交易额虽然和闲鱼有差距，但发展趋势非常可观。转转是个平台和自营模式相结合的App，有自己的手机质检团队，有二手手机回收、检测、统一售卖的整个流程，同时有圈子、微信好友动态这类社区功能。

和闲鱼相比，转转最大的优势自然是自营模式的商品鉴定。转转优品模块即电商模式的二手售卖。目前有针对手机这一品类的质检，分别面向卖家提供回收服务，面向买家提供电商模式的售卖，包括品牌型号划分、成色瑕疵鉴定、商品评论等一系列功能。

除了3C，转转的另一主打品类是母婴。母婴比起3C、衣物等领域，决策环节更长、需求更大，面对的是一个特定用户群体，和闲鱼的思路一样，依靠社区黏性获取更高的交易量。

3.二手车

很多小伙伴肯定注意到了，最近二手车的广告打得铺天盖地、热火朝天。公交、地铁、电梯、取票机等，一个也没放过。黄渤的人人车广告，孙红雷的瓜子网广告，广告语相信大家都能背出来了。

首先随着中国经济的发展，人们生活水平的提高，越来越多人买得起车了，显然这是一种趋势！

　　二手车交易互联网化还是方便了很多的，因为不仅去掉了繁杂的传统交易环节，价格也更加透明化，买家不用担心二手车有未消的违章或者交通事故，而且二手车平台会提供售后服务和质保。

支付宝芝麻信用居然有这么多用处

2015年1月，芝麻信用评分正式上线，为用户开启全新的信用生活。凭借着阿里巴巴集团的各个业务以及大数据的挖掘，蚂蚁金服建立了堪称中国最完善的个人信用体系。通过支付宝，打开芝麻信用，每个人都能看到自己的芝麻信用分。

在考核方面，芝麻信用分参考了国际上主流的个人信用评分模式（如美国的FICO，评分范围为300~850分），将区间设定为350~950分，分数越高代表信用程度越好，违约可能性越低。虽然芝麻信用分每月评估一次，有的芝麻信用分会噌噌地往上涨，但是大家可能觉得芝麻信用分没什么用。真的是这样吗？

1.极速办理信用卡

芝麻信用支持办理光大和民生的信用卡，号称"3秒核发"，这对一直想办信用卡的用户来说，应该是件不错的事。

2.芝麻信用分越高，借钱越便宜

现在的蚂蚁借呗，最高可借30万元，但是分数不同，利率好像也不一样。按照一般原则，芝麻信用分越高，借钱越容易，利率也越低。

3.先消费，后还款

如果用户达到花呗开通条件，使用蚂蚁花呗，即可在线购物分期付款。比如，在天猫上买一件大件商品，就可以使用分期付款，而且免利息。

4.信用购机

芝麻信用分达到650分及以上，就可以享受低价购机、分期付款等运营商提供的信用服务。

5.免押金住酒店

芝麻信用分达到600分及以上，就可以在未来酒店、小猪短租和蚂蚁短租上享受免押金住宿。

6.绿色骑行

在共享单车时代，如果芝麻信用分达到一定程度，就可以免押金骑行。

7.免押金租车

芝麻信用分满650分，支持神州租车、一嗨租车和车纷享，即可申请免预授权租车。

8.信用租房

支持相寓、趣租需要满足600分，优客逸家只需要满足650分，就可以享受减免押金、房租月付的优惠。

9.信用交友

如今，连找对象都要芝麻信用分了。目前，通过芝麻信用分可以在珍爱、百合、世纪佳缘、空格、赤兔和网易花田上交易，会有较高的信用展示。

10.免押金借还

　　各大城市提供免押金借充电宝、借雨伞等服务。大家可以搜索附近的免押金借还点，找到要借的雨伞，也可以在一些商场里发现凭借芝麻信用分借充电宝的机器。

网上无息分期付款，合理规划你的用钱

网购达人对信用卡、余额宝、蚂蚁花呗、京东白条、天猫分期通常不会陌生，原来它们也能成为"双11"的省钱利器。

首先花呗推出了"双11"免息分期付款优惠，花呗联合天猫放出了近100万件免息分期付款商品，涵盖家电、数码、珠宝、美妆、旅行、家居、车品等10多个类目，分别支持3、6、9期三档免息分期付款，是史上规模最大的一次免息分期付款大促。为了解决用户"双11"资金不足问题，花呗还为女性用户人均提额5000元。在天猫、淘宝血拼的时候，如果选择了花呗付款，那么只要在确认收货后的下个月10日还款就行，这期间是免息的。也就是说，如果在"双11"当天下单，15日确认收货，那么在12月10日前还款就行。

信用卡大家应该都懂的，只要有正规的工作，就可以拿自己的信用去跟银行换额度。当然，你的信用是不能直接换成钱的，只要你不按时还钱，银行就会收利息。

京东白条，是京东收购网银在线后新开发的一项业务，基本上任何在京东上买过东西的会员都能申请到一定额度。另外，京东白条的缺点是不支持信用卡自动还款。

天猫分期，是天猫联合商家推出的一项让消费者无法停止"剁手"的业务，做到史无前例的三期免手续费。当然，分期付款不是无利息，只是商家帮你交了3期的利息而已，羊毛出在羊身上你懂的。

为什么要使用信用卡、蚂蚁花呗、京东白条和天猫分期这些手段来网购？理由很简单，那就是将更多的现金留在手上以备不时之需，或者说，将本来要付现金的钱放进余额宝里赚利息。

假设要买1万元的东西，如果用现金支付，那实际支付1万元。而用信用卡来付款的话，那么相当于可以在20~50天后还款，假设30天后还款吧，把这原来要付出去的1万元现金存到余额宝等理财产品里，赚30天利息，相当于赚了30多元，也就是你最后只需支付10000-30=9970元。如果有50天的延长付款期，相当于省了50元。

假设购买商品一样，价格一样（10000元）的情形，我们来看看信用卡、京东白条和天猫分期这三者谁最帮你省钱。

如果用信用卡付款，可以赚到20~50元的利息，相当于可以省20~50元。

如果准备买一两万元甚至更贵的大件商品，借助电商平台推出的超长期限的免息分期付款服务，还能小"赚"一把。天猫分期推出了"11期0手续费"的分期付款服务，可以花上一年的时间慢慢还，并且没有任何手续费。2017年的"双11"阿里上线了花呗分期6期免息的专场，11月1～10日还有机会抢12期免息卡。如果买一个1万元的商品，那么这笔钱就有一年的闲置期，放在招财宝还能挣个几百块钱，消费与投资兼得。

当然京东也有类似服务，早早上线的京东白条专场，一些家电、3C产品等都支持12期免息。如果"双11"准备花2万元，免息12个月，还可以小小理财一把。比如可以找一些靠谱的互联网理财平台，如果按照8%的年化收益率算，2万块一年下来能挣1600元。至少也可以放在余额宝、理财通、京东小金库等货币基金里，按3%的年化收益率算，一年也有600元钱的收益。

不论网上购物还是线下消费，能用信用支付的绝不付现金。利用好这些信用支付方式的免息期，将自己的钱投入到理财中去，不放过一分一毫的收益，还能积累个人信用，何乐而不为呢？

PART 5

超直观 · 不怕学不会的剁手攻略

全年电商促销活动汇总

从前的我们，一年里面一般也就只有到了过年的时候，才会去超市蜂拥购物，一方面是办年货的刚需，另一方面是节假日的确有一些优惠。而现在的我们，不只是过年，扎堆购物的机会更多。自从"双11"空前成功，现在的电商为了营销和博取眼球，争相推出属于自己的购物节来吸引消费者，"双12""618""818"……让热衷于网购的消费者几乎每个月都"大出血"一次。下面我们一起看看，现在的消费者一年要剁几次手。

1月——

关注节假日：春节、寒假；

电商营销节点：天猫焕新节、年货节。

2月——

关注节假日：情人节、元宵节；

电商营销节点：开学季、家装节、美妆节、情人节、京东蝴蝶节、苏宁易购闺密节。

3月——

关注节假日：三八妇女节；

电商营销节点：女王节、春茶节、春夏新风尚、跑步节、聚美优品301店庆、蜜芽疯抢节、国美在线黑色星期五。

4月——

关注节假日：愚人节；

电商营销节点：天猫"男神"节、国美在线418周年庆。

5月——

关注节假日：五一劳动节、母亲节；

电商营销节点：春夏婚博会、天猫T恤节、天猫匠心、母亲节、520表白节、天猫通讯狂欢节、天猫闺密节、天猫牛仔狂欢节、百度糯米517吃货节、贝贝518母婴节。

6月——

关注节假日：六一儿童节、父亲节、端午节；

电商营销节点：618理想生活狂欢节 、京东618品质狂欢节、唯品会年中大促、端午节。

7月——

关注节假日：暑假；

电商营销节点：啤酒节、游泳节、天猫运动会。

8月——

关注节假日：七夕；

电商营销节点：88狂欢节、七夕、秋冬新风尚、 818苏宁周年庆、唯品会撒娇节、亚马逊819店庆。

9月——

关注节假日：开学、中秋节；

电商营销节点：秋季婚博会、99大促、中秋节、开学季。

10月——

关注节假日：国庆节、重阳节；

电商营销节点：国庆换新周、天猫超市黄金周、"双11"预热。

11月——

关注节假日：感恩节、万圣节；

电商营销节点："双11""双12"预热、天猫国际"黑五"、当当119店庆、洋码头"黑五"狂欢节、万圣节。

12月——

关注节假日：圣诞节、元旦；

电商营销节点："双12"、"双旦"礼遇季、年终超级囤货季、小红书红色星期五。

以2017年"双11"为例，各大电商剁手攻略

　　说到网购，就不得不提"双11"，全年最大规模的优惠活动都在这个时候爆发，能玩转"双11"基本就能驾驭任何电商节了！以2017年的"双11"为例，各大电商玩法再次升级，相比往日简单粗暴的红包和折扣，现在的"双11"考验的不只是手速，还有你的智商！没有点阅读理解能力和数学功底，"双11"都玩不下去了！不少日夜期盼着"双11"到来的"童鞋"表示，"双11"说话的方式能不能简单点？越来越多的电商加入"双11"当中分一杯羹，他们之间有什么特点，有哪些玩法，有哪些是大家买买买的关注点呢？

1.天猫"双11"全球狂欢节

2017年天猫淘宝"双11"由活动主会场、大促分会场、大促外场组成。在每一个营销时间点上都有不同的主题活动，比如万店同庆、全球生活、天猫之家（Tmall Home）、"双11"晚会、天猫+品牌、狂欢互动城。

同时，新增购物津贴、"真五折"、群买返等新玩法。其中，群买返简单理解就是拼单返利，"双11"当天买家将会在天猫App里建一个购买群，合买一家店的产品达到一定金额，商家便会返现一定金额的优惠券。"真五折"就是凡是参加五折的店铺，未到"真五折"的商品将会被强制下架，这些五折商品还可以叠加红包和购物津贴，做到低于五折的实际售价，享受真正折上折优惠。购物津贴下面会详细介绍。

（1）红包、优惠券类。

"双11"购物津贴：平台通用，"双11"

前领取，"双11"当天使用，逾期作废。适用于"双11"商家店铺内大部分商品（部分特殊商品除外），这些商品都会带有"双11购物津贴"标识。

购物津贴到底怎么用？举个例子，购买的商品满足同类满减条件（可跨店），且满减门槛是"每满400减50"，一位买家拥有150元购物津贴。

A. 若消费者下单金额满400元，则可抵扣50元；

B. 若消费者下单金额满800元，则可抵扣100元；

C. 若消费者下单金额满1200元，则可抵扣150元（以此类推，直至消费者拥有的津贴额度消耗完毕）。

2017年的"双11"购物津贴面额不固定，可以和红包、优惠券等叠加使用；按类目的满减门槛抵扣，上不封顶，不限张数；优先使用店铺优惠，优惠后的金额如果依然达到购物津贴的门槛，就可以叠加使用购物津贴；购物津贴不能和购物券叠加（购物券与红包、优惠券是不一样的）。

红包、优惠券有五种领取方式："双11"主分会场、我的"双11"、卡券包、商品详情页、店铺首页。

值得一提的是，2017年天猫的品牌狂欢城汇总了彩妆、服饰、家居、食品、手机家电等诸多热门品牌，不用再一家一家地搜索品牌了，并且进入店铺后，进行游戏互动或者随机抽取，就有机会获得红包。

此外，还有火炬红包和战队红包，可以邀请亲朋好友一起抢红包。

经常在天猫超市购物的"童鞋"，可以提前抢券，"双11"当天使用；美妆会场每天0点、12点、18点有抢品牌折扣券活动；服饰会场的一些商家，在特定时间段下单就有机会获得赠品；另外"双11"当天下午2点，还有下半场红包可以抢。

（2）预售类。

预售是什么概念呢？预售活动最基本的玩法就是预售定金翻倍，预售期选好商品付好定金，"双11"当天付尾款即购买成功。举个例子，如果在10

月20日至11月10日支付定金，"双11"当天支付尾款，定金翻倍抵现，如支付100元定金，在"双11"当天付尾款时可抵200元（翻倍）。参加的品类包括美妆、母婴、食品、医药、生鲜、手机车配件、服饰鞋包珠宝。预售价格有优惠，还可与优惠券叠加。每天将有不同时间段可享定金多倍膨胀，整点定金翻倍，部分好价名额有限，建议大家最好蹲点支付定金购买。

（3）玩转线下系列。

花呗亿元免单：线下门店扫码用花呗支付，累计消费满200元就可获得奖品（一般会在11月12日中午12点开奖，最高可获免单奖励）。

花呗亿元免单的种类包括：免最高一笔，最高500元（10000个）；免最低一笔，最高100元（10万个）；"双11"全天免单，最高4999元（2222个）；随机返还红包，8~88元（100万个）。虽然在强大的用户群背景下，中奖率可以说很低了，不过，理想还是要有的，万一实现了呢！

捉猫猫：这是一款抽奖互动游戏，融入了AR元素，主要针对附近的商家。2017年玩法和往年差不多，捉猫成功就有机会获得店铺优惠。怎么玩？当猫处于镜头中时，点击丢箱子按钮即可丢出箱子，砸中则猫进入箱子，砸不中可继续砸，连续3次砸不中，猫会逃走。被砸中后进入箱子的猫也有逃走的可能，1~2秒后出结果，若猫最终未逃走，则捉猫成功。

2.京东"双11"全球好物节

京东商城全品类"双11"大促贯穿12天活动期，包括PLUS会员日、超级秒杀日、神券日、超级单品日以及王牌代言等多个主题，涵盖了手机数码、京东超市、家电家具、电脑办公、母婴用品、服饰鞋包、食品酒水等品类商品。京东"双11"有什么关注点呢？

（1）预售：与天猫一样，预售商品可在"双11"之前提前购买，提前享"双11"优惠价，每个品类优惠力度不同，开启京东商城"双11"大促第一波"买买买"。

（2）每日品牌狂欢：优惠方式包括满减、爆款打折、直降、限量抢。

（3）京东秒杀：每日的特定整点，如6点、8点、10点、22点，特定商品限时秒杀，包括电子产品、生鲜类、母婴、家居。

（4）神券日：京享值300分以上，每人可领一次，优惠券可用于购买京东超市自营的母婴、玩具乐器、食品饮料（除进口食品）、美妆个护、酒水、宠物、农资绿植类目下的自营商品，部分特例商品除外。

（5）京东超市：领取满减券，一站式购齐粮油杂货、酒水零食、纸品清洁、生鲜蔬菜等线下超市能买到的商品。

（6）美妆会场：有满减、199元5件等优惠，还有今日推荐大牌、限时秒杀、品牌狂欢城等。

3.苏宁易购O2O购物节

苏宁易购发挥线下渠道的优势，大家电、3C产品等"双线"优惠活动，有采购家电、手机、电脑等产品购买需求的"童鞋"可以关注以下几个主题活动日。

（1）"11·7"超级支付日：苏宁支付联合百家银行，支付最高立减400元，优惠金额当然是随

苏宁易购

机的，就看你的运气了！

（2）"11·8"品质生活日：奢侈品，极致生活体验。能买奢侈品的，优不优惠已经不重要了，权当体验一把富人的生活吧。

（3）"11·10"超级买手：24小时直播，网红带你挑遍优惠好货。正宗的"老司机"带路了，好看的网红千篇一律，有趣的买手百里挑一。

（4）11月1日至11月11日品牌battle（战）：20个一线品牌PK，参与竞猜赢千元红包，游戏贯穿整个"双11"了。

4.聚美优品

聚美优品在化妆品方面一直很受网友关注，"双11"大促口号推出"大牌减才是真的减"，并且在10日凌晨就开始开抢，无疑是要刺激用户提前"剁手"了。那么精致的猪猪女孩们可以关注什么呢？

（1）预售：与天猫、京东类似的模式，预售价格有一定的优惠，最重要的是还能单件包邮。

（2）满返："双11"期间所有订单商品金额（不包括运费和优惠券）满返现金券，现金券仅限用于美妆（含商城）、食品保健品、母婴（自营商品）、洗护。

（3）拼团：拼团分为三拨进行，包括面膜团、爆款团、洗护团、彩妆团、香水团，折扣力度较大。

（4）品牌满减、满赠：活动期间，订单中含"活动品牌"商品价格满即赠礼品，每笔订单按照各品牌赠送形式最多赠送一次。订单中含"活动品牌"商品价格满即减，每笔订单只减免1次。

5.唯品会

唯品会的定位口号从"一家专门做特卖的网站"到"全球精选，正品特卖"，作为国内第三大电商平台，唯品会2017年"双11"一改此前的低调作风，打出了"正品鉴定"的概念和"更超值"的

唯品会

口号，希望吸引更多的年轻用户。唯品会"双11"活动中，最值得关注的是"双11"超级预付：11月8日前预付定金，11月8日至11月11日付尾款。成功预付定金后，可享全场券、品类券、品牌红包，活动期间使用。

6.1号店

相信很多人都知道，2017年"双11"前夕京东接管1号店，虽然1号店的前端形象得到保留，从消费者的角度，可能感觉不到1号店的巨变，但从1号店"双11"的活动上来看，确实也体现出不少京东的色彩。

（1）神券爆灯：活动期间每天9点、15点、21点还可抢红包，大神券满199减100，限会员领取；小神券有满199减50、满399减60等。

（2）特色频道：如特产中国、品质厨房、全球进口。

7.网易严选

网易严选可以说是电商中的一股清流了，虽然人气不怎么高，也没有什么广告和代言，但网站的颜值一直在线，最重要的是网易严选的口号"好的生活，没那么贵"，一下就戳中我们这些省钱达人的内心，好的生活是基础，没那么贵是追求。2017年网易严选"双11"主题是"内行生活"，怎样才能过上不贵的好生活呢？答案是像内行一样生活就

网易严选

好。文艺归文艺，日子还是要过的，网易严选"双11"有什么关注点呢？

（1）八折优惠卡：活动期间，用户可在活动页领取全场不限制八折卡，购买商品全场八折不限件数。八折优惠全品类通用，限时购商品、特价商品、礼品卡、小龙虾等商品除外。啊，小龙虾这个真的有点猜不透啊……

（2）每天惊喜1元变价：活动期间，每天11点、23点会随机出现商品变价1元、11元、111元、1111元，限时限量，抢完即止。惊喜价可与红包、八折卡、礼品卡、会员福袋等优惠共享。

（3）超值买赠组合：活动期间，购买指定商品可获得赠品。提醒一下，赠品须在购物车勾选，若忘记或未成功勾选，则视为放弃赠品。想省钱就别怪不提醒你啦，就是这么"傲娇"！

（4）"双11"红包：整个"双11"期间在各个互动环节中获得的红包均可累计，且能与全场八折、超值买赠、高额返现等优惠叠加使用，上不封顶。

（5）"双11"高额返现TOP排行：活动期间，5天累计消费排名第1名可获得一台iPhone X；5天累计消费达5000元可返消费金额10%，多买多返，上不封顶；每日累计消费排名第1名可获得价值2000元手机1台。

看完以上各大电商的介绍，你是不是已经眼花缭乱了呢？其实每年"双11"活动都不外乎以上的"套路"，只能帮你到这里了，接下来每年"双11"功课要怎么做，你就是我的课代表啦！

老铁们带路，网上超市年货节扫盲攻略

　　提起年货，可以说是春节期间的重要"战略储备"。在我们的概念中，采购年货从来都是长辈们的任务，突然有一天我们长大了，他们却变老了，渐渐地，我们承担起这个任务来了。那么问题来了，为什么我们会那么积极主动地办年货？除了因为我们的吃货本质以外，还不是因为我们那帮可爱的七大姑八大姨吗？好不容易回个老家，想和父母一起吃吃饭，免不了要和七大姑八大姨唠唠嗑：从学习成绩聊到对象、子女，再从工资到买房买车，真是够了，能堵住他们的嘴的，恐怕只有年货了。

　　对于习惯网购的年轻人来说，去超市逛半天还要把年货扛回家，想想已经累觉不爱了。1月，各大商家陆续推出年货节活动，下面以目前国内最大的两大平台——京东、天猫为例（两家平台旗下都有自营的超市板块），教大家年货怎么买。一理通万理明，其他平台的操作自然难不倒你啦！

1.京东

京东作为目前国内最大的B2C平台，将原有自营产品资源重新整合，形成了网上超市这个板块。近几年京东一直在优化超市板块，投放很大的资源，优惠活动也比较多，让网上逛超市成为一种新的生活方式。

注册方式图解详见京东官网的帮助中心，这里不详细叙述了。

第一步：检索商品。

在检索框中输入想要购买的商品，检索栏输入"年货"，点击红色的检索键。

第二步：筛选条件和排序。

检索后进入新的网页界面，除了常规的年货品牌类别，搜索栏下方的条件筛选和排序非常重要！

排序：综合、销量、价格三个排序指标，箭头朝下是降序，箭头朝上是升序。

"综合"是京东的推荐，该指标没有太多的参考价值。

"销量"可以反映出年货的受欢迎程度，但有些销量不是很高的产品会被京东排在前面，所以参考价值也是存疑的。

"价格"是最为客观的指标，旁边还会标记出正在进行的优惠活动，此处有省钱线索！

"评论数从高到低"为最推崇的排序指标，在"综合"栏下拉菜单中，用户的评价还是相对客观的，参考价值较高。

"新品优先"指产品的上线时间从先到后排序，在"综合"栏下拉菜单中。

划重点

以上筛选的最佳选择：评论数由高到低，勾选京东配送、货到付款、仅显示有货。

第三步：放到购物车。

选好的商品，点击购物车图标，或点击"加入购物车"，商品就乖乖在购物车等你了。

此处需要特别提醒一下，某些商品存在双重优惠，如果购物车中没有显示最优惠的价格，可能是因为没选好商品组合方式，购物车会提示你从下方的促销商品中重新选择，要买当然要选最优惠的方案了！

第四步：结算订单。

（1）新增收货地址。

（2）配送：支持京东配送的年货享受限时达服务，而且享受京东运费减免政策（99元减免10千克以内的产品运费）。大部分京东配送的都是自营产品，部分非自营产品也支持京东配送。建议大家选择京东配送的商品，非京东配送须额外支付运费（免邮的除外）。

（3）支付方式。

A．在线支付：选择此项的，提交订单后便会跳转到支付页面。

B．货到付款：送货上门的时候，可以付现金、刷卡甚至微信和支付宝付款，需要POS单报账的信用卡（公务卡）支付建议采用货到付款，很少有优惠。

京东自营产品一般支持货到付款，但是非自营产品在线支付居多。（京东配送加上货到付款可以涵盖90%的自营年货，帮助大家大大地缩小筛选的范围。）

C．公司转账。

（4）配送方式。

京东配送和上门自提运费收费标准是一样的。自提点的存在意义是无人收货的时候可以在方便时自取。（达到免邮标准或者有免邮券就没有必要选取自提点了。）

预约送货时间：京东是可以对购物时间进行预约的。（在当天11点前下单，符合限时达的地区当天便能送货上门，11点之后下单，就变成第二天配送。）

特别提醒

免邮券钻石会员每月有2张，PLUS会员每个月有5张。

（5）发票开具：可以选择普通发票和电子发票。

（6）退换无忧：相当于退货险，可享7天内退货，15天内换货，1次上门取件，不另外收费。

（7）支付优惠信息：优惠券、京东E卡、京豆等。

A.优惠券。

a. 京券：京东内通用，无使用金额、品类、店铺、地域限制。单张订单可以使用多张京券，按面值总额减免支付，不能与东券叠加使用。特殊商品不能使用。使用京券提交订单时，若京券金额大于订单需支付金额，差额不予退回。

b. 东券：京东内通用，有使用金额限制，当订单中所购商品总额满足东券使用限额才能使用，按东券面值减免支付，例如2000元减100元的东券，订单需支付金额在2000元以上才可以使用，使用后实际支付减免100元。特殊商品不能使用。单张订单只能使用一张东券，且不能与其他任何优惠券叠加使用。

c. 使用优惠券时，单张订单京券可叠加使用，东券只能用一张，且东券和京券不能叠加使用。除此之外，部分优惠券受品类和店铺使用限制。

B. 京东E卡：京东专属礼品卡。

C. 京豆：购买京东产品，评论和晒单之后赠送的回扣。PLUS会员按比例京豆返现更多。京东老用户都知道过去是按积分返现，10个积分抵扣1元，一笔订单往往返现10~30个积分。现在改成了京豆，100个京豆抵1元，一笔订单的返现也变成10~30个京豆。京豆必须按照1000个的整数抵扣，也就是10元，而且抵扣不能超过订单总价的一半。

D. 首页进入"我的钱包"，可以看到更多的钱包功能。

a. 余额：就是京东账户里面的余额，一般是购物后晒单评论返现活动直接返到账户中的。

b. 京东钢镚：除了本身的余额外，京东还有一个支付代币，那就是钢镚。钢镚的获取方式多样，通过京东小白卡也可以攒钢镚。钢镚使用规则：1个钢镚可抵1元现金使用，每笔订单最多使用订单金额99%的钢镚值。不过钢镚和京豆的兑换比例是120个京豆兑1个钢镚。聊胜于无，能省点是一点。

第五步：提交订单。

如果在使用了优惠券、礼品卡、京豆等优惠

手段，在提交订单时须输入支付密码。此处特别提醒：京东支付必须进行实名认证，同时京东白条、京东小金库、京东账户三个实名合一。

第六步：支付订单（京东收银台）。

京东提供了5种支付方式，其中使用最为频繁的是货到付款、银行卡支付、白条支付、京东小金库、微信支付。货到付款前面已经介绍过，这里就不再赘述。

银行卡支付：使用带有中国银联标识的银行卡支付。当把支付主要手段换成银行卡后，白条就无法选取了，换言之，白条无法和银行卡同时使用！

白条支付：开通了京东白条的用户才可以使用，类似于蚂蚁花呗，可以通过优惠券直接减免和分期免息。当选用白条作为主要支付手段时，可以享受白条的优惠减免。同时可以叠加小金库和使用余额。

京东小金库：京东小金库相当于京东家的支付宝，比起支付宝常年不减免，确实良心。与京东白条有所区别的是，使用京东小金库的减免券必须账户有足量的余额！余额不足，是无法使用优惠券的。

微信支付：通过微信钱包支付，再也没有微信钱包提现的困扰。

微信好友代付：考验友情的时候到了……

好棒啊！你已经成功地买到心仪的年货了！接下来就是等待快递小哥的到来啦！想想都有点小激动呢！最后再讲几个京东的小贴士吧！

（1）京东白条和京东小金库均可使用优惠券。

（2）优惠券使用条件：京东白条和小金库余额必须大于减免基准。

（3）京东白条无法和银行卡同时用于支付，支付时只能选择白条或银行卡、小金库、余额其中的一种支付方式。

（4）京东钢镚支付便捷，多多益善。

2.天猫

天猫超市与京东超市相比，在产品来源上会控制得更加严格（全场自营）。因为过去天猫是平台式运营，天猫平台上的独立商家没有能力综合运营食品、粮油、日用品等百货，所以推出天猫超市就是为了弥补原来天猫不能针对日用百货商品提供一站式购物的缺点。

第一步：筛选条件和排序。

天猫超市对这个环节的设计比起京东超市显然更加科学有效，将总销量箭头朝下使用倒序排列，直接就能看到最受欢迎的产品。

第二步：选取商品。

和京东超市一样，商品右下角有一个红色购物车图标，点击一下即可将商品加入购物车。

将商品加入购物车后，右上角的小购物车图标会显示当前的商品总额和重量。

敲黑板

 运费对比小贴士：

天猫超市：２０千克以内满８８元包邮（基本运费５元）。

京东超市：１０千克以内满９９元包邮（基本运费６元）。

第三步：商品结算。

天猫超市的商品结算界面比京东更加简洁，步骤也比较省心。

选择收货地址：新增的收货地址需要填入地址、邮政编码、姓名、电话等信息，缺一不可。

值得一提的是菜鸟驿站，和京东自提点类似但不一样，菜鸟驿站是对市面上的多家快递公司（或线下商户，比如便利店）进行了整合，不仅承担了最后一公里的送达及暂时保管服务，同时承担了收集快递的功能，实现了资源的整合。

菜鸟驿站，作为菜鸟网络五大战略方向之一，是由菜鸟网络牵头，建立的面向社区和校园的物流服务平台，为网购用户提供包裹代收服务，致力于为消费者提供多元化的最后一公里服务。目前在进行末端配送网络建设，在城市，超过4万个菜鸟驿站构成菜鸟网络的城市末端网络。

同场加映之菜鸟裹裹，它是一款提供查快递、寄快递的App，推荐大家下载一个，与淘宝账户绑定之后，自动同步快递信息，同时这个App还支持导入京东、苏宁、国美等其他电商的订单，同时覆盖国内外140多家快递公司，还可以进行在线下单，寄送快递时不时也有优惠。

第四步：订单确认。

可以对订单中的产品种类和数量进行确认。

选择优惠：可以对优惠促销类型进行选择，让价格最优惠。

运费险：由消费者原因产生的产品退返运费进行赔付的保险，自愿购买。

第五步：订单支付。

订单提交后，会自动转到支付宝界面。需要选择支付方式和输入支付密码。

这里推荐使用蚂蚁花呗，因为蚂蚁花呗属于预支，享受最短10天、最长41天的免息期，把银子放在余额宝里吃利息岂不美哉？

支付方式：支付完成后，支付宝会耐心地提示不要相信骗子，这个步骤完成后，静待收货！

3.线上购买年货的总结

（1）京东的购买支付过程比较烦琐，但是优惠颇多。

（2）天猫的购买支付过程便捷，但是优惠力度不足。

"银发族"一起来，移动支付工具在线下办年货扫盲攻略

近年来，随着移动互联网和智能手机的普及，"剁手族"不再是年轻人的专属名词，越来越多的老年人也开始跻身于网购大军。以淘宝近日推出的"亲情账号"为例，用户可以通过添加亲情账号，简化注册，将长辈、子女、配偶情侣联系在一起，从而实现购物讨论、代付等功能，通过降低中老年人对淘宝的使用门槛，把往日站在网购边缘的中老年群体请进了电商世界。如今参与网购的老年人已不再是传统的轻消费、重积蓄的经济型消费者，他们的消费需求也正在向高水平、高层次和多元化的方向发展，这也是"银发族"网购需求发展的一个趋势。

上文介绍了线上购买年货，我们总算搞明白了不少，但是对于广大"银发族"，这个过程仍是比较烦琐的，想必你已经教得口水都干了吧（手机都想砸了吧）？作为儿女的我们得转变思路！想想如何让"银发族"能在他们最熟悉的领域——线下抢占到优惠的制高点才是最实际的！

相信大家都知道，近年来在"双12"这个生拉硬扯起来的节日中，支付宝口碑大搞线下优惠，疯狂的大爷大妈们攻陷了全国各大超市，难道你没有眼红？下面我们来聊聊如何通过支付工具在线下购买年货的过程中享受到更多优惠。

第一步：查找当地超市。

打开支付宝口碑界面，设置所在地区，找到超市字样的图标点开之后便是商家的界面，每一个商家的下方会显示与我们的距离，便于就近消费。

第二步：选择优惠超市及支付。

点击优惠商家，下方有一个去买单，点击买单之后就会形成一个二维码，商家设定好价格扫一扫就能完成付款（付款的时候自动享受优惠）。

特别提醒

　　选择最优的扣款顺序，建议将蚂蚁花呗作为第一个扣款方式，除了上一节提到的享受利息优惠，还有就是蚂蚁宝卡的流量返现。

　　"蚂蚁宝卡"又是什么？它是支付宝与中国联通联合推出的专属号卡产品，是目前市面上价格较低的流量套餐之一。支付宝线下消费一次额外赠送20兆流量，首月免费，线下消费一笔即可叠加20兆流量，每100兆流量可以提取到绑定的手机号上，每个月最高提取200兆流量。优惠力度还是不错的，想换卡的"童鞋"可以考虑一下，蚊子再小，也是肉嘛。

　　第三步：支付。

　　（1）找到包含支付宝标识的支付网点；

（2）打开支付宝的付款二维码界面；

（3）让付款二维码接受扫描。

讲到这里，就不得不提"银联钱包"了。在支付宝之前，人们线下消费除了付现金或许就是刷银行卡了，当年满街的银联卡也扛不住支付宝的狂轰滥炸，逐步转型，现在银联云支付发展比较好，优惠活动也比较多了，逐渐在支付界夺取了不少领地。

使用银联云支付，必须先下载一个银联钱包App，然后绑定一张带有银联标识的银行卡。

（1）银联云闪付条件。

A. 支持的商家。

现在线下渠道覆盖较广，支持银联云闪付的商家比较多。

B. 支持的银行卡种类。

a. 银联标识：银联标识现在越来越稀罕了，据说以后双标的卡会越来越少。

b. 闪付（Quick Pass）：云闪付的闪付就是指这个。

C. 支持的手机类型。

第三个条件是银联云闪付最坑的一个，因为云闪付类似于NFC（近场通讯功能）。大批不支持NFC的手机"死在沙滩上"，还有就是云闪付仅支持IC卡、华为Pay、小米Pay、HCE、ApplePay、三星Pay。虽然没找到更新更全的相关汇总，但在这个基础上发布的新机基本上都支持银联云闪付。

（2）选取优惠商家。

先设置地区，再筛选优惠信息（这一点和支付宝口碑类似），不过银联是需要领取优惠的。领取优惠卡券之后，在"我的票券"中可以看到。

银联云闪付的优惠信息更新较快，现在正是与支付宝抢占市场之时，大家一定要把握住机会！

（3）开通银联云闪付。

银联云闪付功能是需要开通的，其实就是一个将手机的权限授予App的过程。这里以苹果举例，申请开通银联云闪付之后，会进入Apple Wallet，绑定一张银联的并支持闪付的银行卡之后，就算开通完成。

📝 线下办年货的总结

（1）支付宝口碑支付方式简便，但是优惠一般，一年也就"双12"比较疯狂。

（2）银联云闪付稍显复杂而且支持机型要求较高，但是优惠信息更新比较频繁。

相信通过上面手把手的指引，准备购入年货的新手们已经跃跃欲试了（虽然还得看看啥时候才到春节）。其实，实战是具有相通性的，在京东和淘宝上每天都有成千上万的特价商品可以购买，线下刷支付宝和银联云闪付也有众多的美食娱乐可以享受优惠，学会举一反三才是我们这些精明的省钱大神们应有的水准！

那些精致的猪猪女孩教会我的
买遍全球攻略

　　海淘最初的定义是国内顾客从海外商城购物并运送到国内收货地址，海淘从一种小众的购物形式变得大众化、多样化，海淘的定义也越来越宽泛，甚至有可能你在不知不觉中已经体验过了海淘。而海淘的原因也已经从最初的追求性价比为主，逐渐转变到追寻品质口碑商品和个性化购物上，国内跨境购物的市场规模也已经扩大到万亿元级别，还在以每年30%的速度递增。而各种商城也在不断推出便于海淘的服务，降低海淘门槛，现在，不懂外语、没有信用卡等因素都不再是海淘的阻碍了。

　　从购物流程上面来讲，海淘主要可以分为三种形式。第一是传统转运模式，需要将国外电商的货物通过转运公司运送到国内；第二种是直邮模式，外国电商可以直接将商品寄往中国境内；第三种是近两年新兴起来的模式，增长非常迅速，也吸引了不少没有海淘经验的网友试水，那就是跨境电商，主要指国内电商从国外仓库或国内的保税区仓库发货给顾客，由于也需要经过海关清关等入境过程，所以也划分为海淘。

1.支付方式

不论是转运、跨境还是直邮，购物之后的支付都是必须的过程，在国外网站购物需使用当地货币支付，信用卡、PayPal、支付宝是海淘的三种主流支付方式。准备一张双币种或多币种信用卡，对于顺利海淘来说也是非常必要的，可以节约货币转换费。不过，信用卡申请有一定的门槛，如果没有信用卡是不是就不能海淘了呢？答案——不是！

越来越多的外国商城和跨境电商支持支付宝、

财付通、银联支付等付款方式，例如西集网、日本乐天、英国的美妆商城Lookfantastic、美国的梅西百货等，而且这些海淘低门槛电商不断增加。

由于海淘经常会使用信用卡，信用卡安全问题也不可忽视，最好在每次购物时输入信用卡信息而不是记录在网站上，或者使用第三方支付工具，如国外流行的PayPal。

2.跨境电商

跨境电商通常是国内电商，所以在语言方面的障碍很小，而且这类商城对于支付宝等国内普及度高的支付方式支持度很高，部分商家近来还增加了微信支付功能，整体购物过程跟在国内的京东、亚马逊中国等电商购物差不多，可以说是门槛很低的海淘方式了。代表性商城有亚马逊海外购、天猫国际、京东全球购、西集网、网易考拉海购等。适合完全没有海淘经验，又对外国商品有需求的人群。

第一步：网站购物；

第二步：支付货款；

第三步：填写个人身份信息用于清关；

第四步：网站发货、清关后快递到消费者手中。

 特别提醒

取消订单比较复杂，部分商城对于部分商品不提供退换货服务。

3．直邮模式

直邮相比于转运要简单不少，速度也相对较快，并且不少商城在购物达到一定金额之后可以免费直邮，也就是包邮啦。可购买商品范围较大，但是也受品牌控制，有时候某些品牌会禁止直邮。如果商家使用商业快递送货，清关时须按照商业报关流程清关，税费比个人行邮税更多。代表性商城有美国亚马逊直邮服务、lookfantastic、shopbop、Ashford、MANKIND、Rebecca Minkoff、Macy's等。适合想海淘，购物需求较大，但是懒得操心转运的群体。

第一步：网站购物；

第二步：填写国内收货地址（注意：通常需使用拼音填写，并且一定要正确填写收货人的手机号码）；

第三步：支付货款；

第四步：网站发货，清关后快递到消费者手中。

特别提醒

有一定外语能力要求，查询物流比较麻烦，售后服务较复杂。

4.转运模式

转运是最普通的海淘方式，而且经过多年发展，主要的海淘目标国家基本都有多家转运公司供选择，特别是美国，有超过100家转运公司。通过这种方法海淘，可以购买除了航空禁运品之外的大部分外国商品。但过程比较烦琐，转运费用高低不一，时效性不好控制，而且通过转运购买的商品很难提供售后服务，比较适合海淘经验较丰富的用户。代表性商城有美国亚马逊（美国亚马逊也有强大的直邮模式，上文中已经提到）、ebay、6PM、各种品牌官网等。适合对国外商品需求较大、对性价比需求较高、有一定海淘经验的群体，语言技能倒不是最重要的，因为我们有各种各样的翻译软件。

第一步：注册转运，获取海外地址，在转运网站填写国内收货人信息；

第二步：国外网站购物；

第三步：转运公司海外地址收取货物并发货到国内；

第四步：清关并快递到消费者手中。

5.关于关税

有一部分人海淘是为了用更低的价格购买更高品质的商品，经常能看到"被税"等比较诙谐的海淘术语，这其实就是在讨论海淘征税的问题。

依法纳税当然是每个公民应尽的义务，而且很多商品，通过海淘购买即便是加上税费也比国内购买划算，所以对于关税其实没有必要太过介意。当然在合理合法的范围内，可以通过选择邮政运输渠道送货、在包税的电商购物等方式降低税费开销。

6.跟踪订单

完成一次海淘购物时间通常较长，即便是目前最快的国内保税仓发货模式，从下单到收货最高效情况下也需要一周左右时间，而转运则通常需要2~6周时间，而且有可能会出现需要缴纳关税的情况。因此，随时关注订单和物流情况很有必要，避免因为没有及时交税而延误收货，甚至退运。

三个女人一台戏，美妈们好戏连连的拼团攻略

自从擅长网络"买买买"的"85后""90后"成为婚育主力，"妈妈经济"这个概念就越来越受到商界重视。"妈妈群体"是中国母婴消费市场的主力，这部分用户来自"70后""80后""90后"三代女性人群，相比于"60后"更懂互联网和依赖网购，相比于"95后"购买能力更强，已成为家庭消费的决策主力。

最开始拼团商品只是单一的水果，但到了后期，拼团的商品慢慢拓展到服饰鞋包、美妆个护、小家电、母婴产品等电商全品类。一众垂直母婴电商之间的明争暗斗从未停止，而处于主导地位的综

合类电商平台也先后开通母婴频道。众所周知，大部分妈妈都很愿意与亲友分享自己的育儿经验，在遇到好的商品时，会主动推荐给亲朋好友。"妈妈拼团经"的传播，与拼团分享的客观促成母婴拼团的形成，产品与服务的传播效果必然会更好。

作为一位"宝妈"，每天除了打理家里琐事和照顾孩子的生活起居外，最舒坦、最愉快的时候，就是一个人静静地坐在电脑前上上网，买一些自己喜欢或者家里需要的东西。懂得货比三家的"师奶"买东西都是这家比比价钱，那家看看，选一大轮才选出一件满意的商品，总觉得自己精选出来的商品才是性价比最高的、价钱最划算的、质量最好的，然后自信满满地分享给身边的亲戚和朋友们，顺便聊聊"妈妈经"。拼团可以说是现在妈妈们茶余饭后的话题了，其实拼团真的很简单，来不及解释了，快上车吧！

1.拼多多

拼多多App是一款专门拼团购物的移动社交软件，采用和亲人、朋友、邻居一起拼团的形式来购买商品。团购的流程很简单，用户首先在商城选择自己心仪的商品，然后支付开团，之后等待好友参团一起购买商品，等达到规定的参团人数后，商家就可发货给用户。

第一步：找到想要开团的商品，右下角会显示多少人成团，点击商品右边"去开团"。

第二步：确认信息后选择支付方式，接着点击下方"立即支付"。支付了个人费用，进入团购订单详情，点击下方"还差xx人组团成功"去邀请朋友参团（人数不足自动退款）。

第三步：点击右上角的三个点"..."选择邀请好友。建议转发到亲友群中，人数多成团的概率就更高。

如果急着要又没有可以一起拼团的人，也可以考虑单独购买，只不过单独购买会贵一些。

2.贝贝

贝贝网是国内领先的母婴特卖平台，主要提供童装、童鞋、玩具、用品等商品的特卖服务，产品适用于0~12岁的婴童以及生产前后的妈妈们。其中"1分团"最值得大家关注。

第一步：在贝贝App首页，仔细一看就会发现有个"1分团"，这是贝贝网给新用户的福利。

第二步：在这里有很多优惠的商品，挑一个自己喜欢的，然后"一键拼团"。

第三步：付款成功后，还没有完成拼团哦，因为这个是新用户拼团福利，要自己找好友一起拼才可以完成订单。

第四步：把这个链接发给好友，邀请好友参团。但有一点一定得注意了，必须是新用户参团，参加过此活动的用户是无法参团的，而且是有时间限制的，要在24小时内完成。

第五步：只要好友付款了，系统就会发信息告诉你拼团成功。完成拼团皆大欢喜，接下来就是等快递了。

3.蜜芽拼团

蜜芽拼团是蜜芽宝贝网推出的一种新的购物方式，用户购买后分享给好友，达到人数要求即可发货，主打低价优质的商品，并且包邮包税。

第一步：选择商品，支付成功开团；

第二步：分享给好友，邀请好友参团；

第三步：达到最低成团人数即拼团成功。

站内还有团长免费、团长半价的商品，拼团成功后就能享受优惠了。

以上拼团平台的模式大致相同，但是每个平台的定位不同，提供的商品也有所不同，比方说拼多多目前趋向于综合全品类商品，贝贝主攻母婴产品和水果，而蜜芽则只针对母婴产品，美妈们可以按照自己的需要选择合适的App进行拼团。

学生党的福音，外卖点餐的省钱攻略

　　随着社会发展节奏加快和"90后"群体生活方式的改变，大学校园中学生叫外卖成为一种普遍的现象。中午不下楼，用美团外卖下单点餐，成为很多学生的首选。

　　"学渣"视角：对于高温天气还不得不过着集体生活的学生党，即使不需要自己动手做饭，也面临着跨越半个校区才能到达食堂的煎熬。况且暑假期间，食堂供应的热菜品种骤减。要想舒舒服服享受美食，非订外卖莫属了。

　　"学霸"视角：进入考试季，"学霸"越战越强，图书馆是不是又要抢座位了？食堂买饭的队伍是不是更长了？复习、写论文的时间是不是越来越不够用？聪明的"学霸"早就在用外卖软件点餐省时间了，当"学渣"刚打到饭时，"学霸"已经吃完外卖开始看书了。仅用2分钟就能完成下单，不一会儿饭菜直接送到宿舍楼下，不耽误一点时间，省下的精力全部用来安心复习，还怕考试成绩不好？

第一步：在手机的应用中心去下载一个外卖软件，直接一搜索就会出现，然后下载下来，安装在手机上。

第二步：下载完成之后需要注册一个账号，用自己的手机号注册。

第三步：注册好后，登录进去。它会提醒你是否允许定位，你点允许就行，这样可以发现周围的外卖商家。

第四步：点击外卖选项就会出现一系列的外卖商家，点进去就可以看到店铺的详细信息，选择自己喜欢的菜品。此处可以对商家进行筛选或排序，一般会选择"距离"和"销量"两种排序。

第五步：提交订单后需要付款，一般可以用支付宝、微信、银联支付，在弹出的方框里输入密码，验证完成就可以支付了。

第六步：支付完成后就可以等待商家接单，一般会很快接单的，接单后等着外卖到来就行。软件还提供定位跟踪，随时查看你的饭菜到了哪里。

第七步：付款后，获得了一次发红包的机会，可以分享到微信群或者朋友圈，抢到的红包在下次订餐时仍可以继续使用。

以饿了么为例，若经常点外卖，建议开通饿了么超级会员。

饿了么超级会员开通时选择"自动续费"，每月只需要10块钱开通费，比单独开通超级会员每月12元，更省钱。不要担心自动续费会无限制扣钱，假如下个月不想开，也可以手动取消的。

饿了么会员每个月最基本返还20元优惠券，分为4张5元面额。需要注意的是，假如你想点某个品牌店铺，该店铺很大可能有会员专属红包，这个专属红包不是白给你的，是需要用5元面额的优惠券换的，这就等于可以用原先的5元面额优惠券换7元或8元该店铺红包（兑换后的红包只能在该店铺使用），这样又可以省下几块钱。

　　超级会员还有一个福利：每单满20元就会返还1元钱即1元奖励金，集齐5个1元奖励金就可以再取出一个5元面额的奖励红包。集不齐5元钱奖励红包也没关系，有些店铺只需要1元或2元奖励金就可以兑换该店铺4元红包，也划算啦！部分新店部分商品还会有超级会员价。